# 塗裝
## 工法百科

表面材質處理 ×
刷、滾、噴、鏝、特殊工法全覽 ×
六監工關鍵

設 計 師 、 工 班 必 備

從 基 礎 到 進 階 工 法 工 具 書

i室設圈｜漂亮家居編輯部

# CONTENTS
# 目　錄

## CHAPTER I.
## 基 礎 篇

圖片提供＿橙白室內裝修設計工程有限公司

圖片提供＿油漆小哥

# CHAPTER 2.
# 手工塗裝

# CONTENTS

# 目　錄

## CHAPTER 3.

# 機械塗裝

圖片提供＿德寶塗料

圖片提供＿瓦薩里藝術塗裝工程行

# CHAPTER 4.

# 特殊塗裝

# Instructions for use
## 使用說明

### 30 秒認識工法

條列工法的所需工具、施工天數、適用底材，方便讀者快速瀏覽。

### 施工順序 Step

整理施工步驟，拉出過程中最關鍵的施工，以 ➕ 標示，並在「➕關鍵施工拆解➕」的欄目中解說。同時，若先前已介紹過的施工步驟，則會標示所在頁數，供讀者查閱。

### 塗料可施作範圍

以塗黑方式呈現塗料的適用範圍。

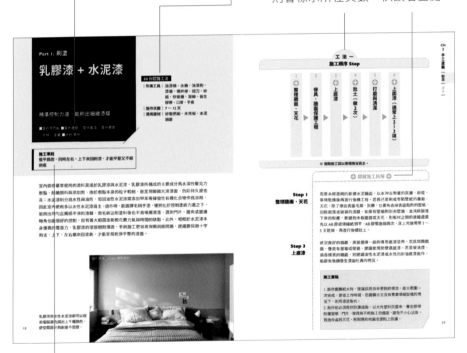

### 施工準則

列出做對工法最重要的關鍵重點，提示讀者注意。

本書整理出在塗裝工程常用的塗料類型與工法，每個工法透過詳細的步驟解說，解析工法中最關鍵、最需要注意的地方，並拉出工法所需工具、施工天數和適用底材，提供讀者參考。

## 監工要點

提供施工檢驗方法，作為現場督工的檢測依據。

## 側欄

幫助讀者隨時掌握目前正在閱讀哪一項工法。

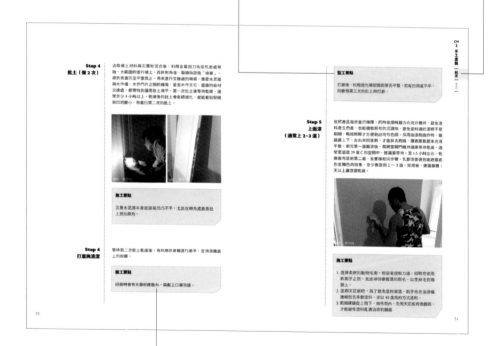

**Step 4**
**批土（做2次）**

送致補土材料與石膏粉混合後，利用金屬刮刀先從凹處或裂縫地、大範圍的進行補土，直針對角落、裂縫局部進「後補」，使表面較完全平整為止。再來進行交接處的補修，像是水泥處與木作處、木作門片之間的縫隙、基至木作天花、過廊的板材交接處，都需特別適用批土填平。第一次批土後等待乾燥，通常至少4小時以上，乾燥後的批土會有縮固化，就能看到裂縫與凹凸變小，再進行第二次的批土。

**施工要點**
注意水泥處本身就容易凹凸不平，尤其在轉角處要勤批土填出直角。

**Step 4**
**打磨與清潔**

等待第二次批土乾燥後，再利用砂研磨機進行磨平，並將灰機會上的粉塵。

**施工要點**
研磨時會有大量粉塵飄散，需戴上口罩防護。

50

**施工要點**
打磨後，利用燈光檢照地面是否平整，若有坑洞或不平，則應做第二次的批土與打磨。

**Step 5**
**上面漆（通常上2~3道）**

依照產品指示進行稀釋，同時依據時間各方向充分攪拌。避免塗料產生色差，色彩擴散面有的沉澱物，避免塗料調於濃稠不夠刷開，略往終輕分方便刷出均勻色調。採用油漆刷施作時，就緩畫上下、左右來回塗刷，才能抹去刷痕，讓表面較壓來光滑平整。刷完第一道面漆後，需將窗簾門窗持過風等待乾燥，通常室溫達29度C的空間內，至15小時左右乾，乾燥後乾進前第二道，至薄濃相同步驟，乳膠漆要達到塗底蓋塗色的塗顏色的效果，至少要塗兩2~3道。完成後，建議靜置1天以上讓漆膜乾燥。

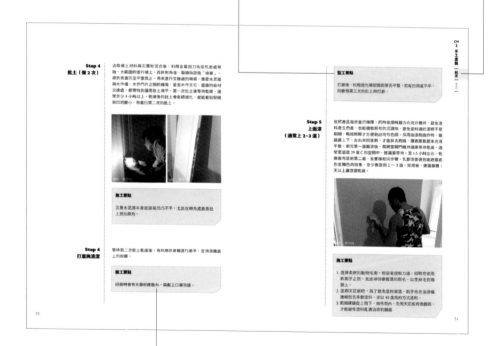

**施工要點**
1. 選擇表紋的動物毛刷，較容易控制力道，同時在使用新刷子之前，先抓淨後較散落的刷毛，以免掉毛拉進塗上。
2. 塗刷天花板時，為了避免刷子滴落漆滴，刷子先在油漆桶邊緣刮去多餘塗料，以以45度角方式塗刷。
3. 範圍建議由上而下，由外往內，先使天花板再塗牆面，才能避免塗料滴滴染到牆面。

51

## 施工要點

說明施工中的重要眉角、注意事項等。

# CHAPTER 1.

# 基礎篇

無論新居落成、中古屋大肆改裝或居家小換表情，油漆塗裝工程都可以說是讓空間改頭換面最簡單、直接的方式。事實上，從室內天地壁、木器、鐵件到戶外屋頂、外牆，都能藉由塗料上妝漆飾，同時賦予防護、防水、耐久等作用。本章中，我們整理塗裝工程中最常使用到的材料與工具，並進一步解說一定要了解的基礎概念：什麼是底漆、面漆？如何計算油漆用量？更梳理各種素地基材的前置施作步驟，以及塗裝作業前中後期可能會遭遇的瑕疵和應對方式，全面了解裝潢塗裝的各種知識。

# Part 1.
# 常見材料

除了塗料本身以外，塗裝工程也需要使用到各種填縫材料，使被塗面更加平整；調薄劑、溶劑用於降低塗料的黏度，使其更好施作，並影響乾燥速度、表面成膜性；素地清潔材料則幫助清除被塗物表面；最後還有補強材料，用於結構性的補強，常搭配地坪抗裂、防水使用。

## 填縫材料

### 01 批土、補土

常用來進行水泥牆面、木製品、矽酸鈣板等的打底，以及表面裂縫、小孔的細微修補，精細的顆粒能完整填補毛細孔，修飾粗糙表面，更能強化漆面的附著度，降低塗料完成面龜裂與脫落的可能性。有室內、室外產品之分，室外專用的彈性批土具有更高的彈性、耐候性、防水性，以應對戶外嚴苛的條件。

圖片提供＿油漆小哥

### 02 AB膠

是專為天花板、三合板、石膏板等間隙結構設計的高性能填充黏著劑，具有不塌陷、不龜裂、不垂流、上塗其他塗料不吐色的特性。AB膠是雙組分膠黏劑的統稱，A劑是主劑，B劑是硬化劑，兩劑以1：1比例混合便能將其填滿接縫處，常溫下會自然硬化。

圖片提供＿油漆小哥

## 03 塑鋼土

是一種快速修繕材料，由環氧樹脂製成，產品多元，可用於建築結構外牆、屋頂、門窗裂縫、磁磚或金屬、木材等的修補。塑鋼土接著性強，硬化後可耐油、耐酸鹼，表面也能刷漆上色。使用時將 A、B 劑各取等量用手搓揉混合均勻使成一色，即可直接黏著於施工處，以手指加壓修飾，操作時間依個別產品不定，從 5 分鐘快乾型到 60 分鐘都有。

圖片提供__油漆小哥

## 04 矽利康

又稱矽膠，與空氣接觸後會固化成具彈性的膠體，密封度極佳，甚至能因應高達 30％的位移，且無傳統黏膠的刺激氣味。室內用產品可接合各種建材、修飾填縫或修補建築縫隙。依酸鹼值可分為中性、酸性及水性。裝潢時，要黏著金屬或玻璃等建材，多半使用酸性矽利康；若建築體或建材出現裂縫，則施打水性矽利康來填補，事後再刷上批土或塗料。而中性矽利康是通用型，應用範圍最廣。

圖片提供__油漆小哥

## 05 黏著劑

室內裝修常用的黏著劑包括白膠、強力膠，廣泛運用於各種材質，例如木材、金屬、一般傢具、化妝板、美耐板、軟木等材質之間的接著材，具有很強的接著力。

圖片提供__油漆小哥

## 06 纖維膠帶

也被稱為接縫膠帶、接縫紙帶，採用高強纖維紙製成，適用接合木板、夾板、石膏板、矽酸鈣板等拼縫處。

圖片提供__油漆小哥

## 調薄劑

### 01 甲苯、二甲苯

是最常見的油性漆溶劑。甲苯、二甲苯其實是兩款不一樣的溶劑，雖然主要成分都是由甲苯、二甲苯和其它有機溶劑混合而成，不過比例濃度會有所不同，像是甲苯溶劑的甲苯含量就會較高。常使用在油性水泥漆、浪板漆上。

圖片提供＿油漆小哥

### 02 香蕉水

油性漆的溶劑之一，通常含有甲苯、乙酸乙酯、乙酸丁酯、乙酸戊酯、乙二醇丁醚，常用在二度底漆、汽車噴漆、木作噴漆。

圖片提供＿油漆小哥

### 03 松香水

油性漆的溶劑之一，主要成分有甲苯、辛烷、壬烷、二甲苯、正丙基烷等等，最常使用在調合漆上。

圖片提供＿油漆小哥

### 02 專用調薄劑

為廠商針對個別油性塗料開發的專用調薄劑。

### 05 水

為水性塗料的調薄劑，一般直接使用自來水即可。

※ 油性溶劑以溶解力排行依序為香蕉水＞二甲苯＞甲苯＞松香水、揮發速度則是甲苯＞二甲苯＞松香水＞香蕉水。不過挑選時，還是要依該塗料原產建議為標準，自行更換使用存在施作失敗的風險。

# 素地清潔材料

## 01 去漆劑

能有效去除各種基材表面覆蓋物（漆膜、塗層）的產品，只需要塗刷在待去除的表面，等待一段時間後，漆膜就可以直接剝離或輕鬆鬆脫。去漆劑一般由多種溶劑構成，本身含有刺激性成分，但市面上也有主打環保、不傷人體健康的水性去漆劑。

圖片提供＿油漆小哥

# 補強材料

## 01 玻璃纖維網

玻纖網以玻璃纖維機織物為基材，因其有孔洞，空氣容易排出，可減少防水層與不織布分層與膨拱的問題，並增強防水層的抗裂性、抗撞力。其材質較六角網硬，且無法掩蓋底層孔縫等缺陷處，需先填平孔縫後再施工。

攝影＿ Evan

## 02 六角網

為聚酯纖維材質編織成菱格狀（非經緯向）之網布，對水泥或混凝土的乾縮性裂縫，或防水面不規則之應力拉扯，抗裂效果優異，可增強防水層的抗裂性、抗撞力。六角網材質較玻璃纖維網軟，適合多角度或圓弧形等較複雜之壁地面施作，其材質較玻璃纖維網服貼。與不織布類似，不過網狀可解決不織布易含空氣、容易分層的困擾。

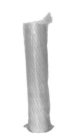

圖片提供＿油漆小哥

## 03 不織布

材質較玻璃纖維網柔軟，施工時易服貼，適用於轉角處或底層不同材質接合處，增強防水層的抗裂性、抗撞力。若牆面有釘孔或細縫，可直接施作掩蓋。

圖片提供＿油漆小哥

# Part 2.
# 常見工具

塗裝施作的工法多元，刷塗、滾塗、噴漆等工法都有各自需要的工具，而特殊工法更是需要不同工具交錯使用，才能堆疊出豐富的視覺效果。此外，塗裝講究完成面的美觀，施作前中後都可能需要打磨，讓表面平整，也因為塗裝工程通常是裝潢中最後進場的工種，為了避免弄髒傢具、地板等，便需要保護措施的前置作業。以下將針對塗刷、研磨與遮蔽工具做介紹。

## 基礎工具

### 01 刷子

是最傳統的塗裝工具，有不同大小、刷柄、結構的選擇，刷毛也有各種硬度、材料、長度、密度的分別，可視施作面與需求挑選。其中，刷毛硬度影響塗刷時的力道以及耐磨程度，硬毛、軟毛分別適用於粗糙、平坦表面；材質影響著刷具的沾料量與吐漆效率，有動物毛或化纖絲可選擇；刷毛長度則跟沾漆量、操控性有關；而密度影響細緻度的表面。一般建議選擇有彈性、不易脫毛的刷子，避免刷毛黏在牆上影響美觀。

圖片提供__油漆小哥

### 02 平面刷

又稱為平板刷、培克刷，是用於大面積刷塗的工具，可搭配伸縮桿使用，有些產品更能替換毛片耗材使用，是居家 DIY 使用者的熱門選擇。

圖片提供__油漆小哥

## 03 滾筒

是大面積塗刷最普遍的刷具之一，可搭配伸縮桿來施作，因此也很適合用來塗刷地坪或高處，不過有著容易濺漆的缺點，因此一定要做好周邊非施作面的保護。滾刷有不同尺寸、毛套材質的選擇，甚至有特殊造型滾刷能做出不同肌理、壓花效果。

圖片提供＿KEIM 德國凱恩礦物塗料

## 04 噴槍

是專業油漆師傅才會使用的工具，可用於噴漆或釋放空氣清潔施作面，依照運作方式可分為氣動噴槍與電動噴槍，電動噴槍有著不需要空壓機也能施作的優點；依顏料取用方式則分為虹吸式、重力式、壓送式三種，而噴嘴也有不同孔徑大小。不同噴槍適用的塗料也會不一樣，像是石頭漆噴槍適合高黏度、顆粒的塗料。

圖片提供＿TZU

## 05 空壓機

用於提供氣動噴槍壓縮空氣，使塗料能霧化成細小漆滴進行噴塗，需搭配專用配管連接到噴槍上。

圖片提供＿TZU

## 06 刮刀

整理牆面用，可用於剷除舊漆膜、批土整平、壁癌清除等施作，常見的材質有黑鐵、碳鋼、不鏽鋼等等。以硬度來說，可粗分為軟刀及硬刀，前者刀身薄而有彈性，多用於批土與較軟表面殘留物如壁紙的剷除；硬刀則刀身較厚且無彈性，大多用在殘物、壁癌、突起物的去除。

圖片提供＿油漆小哥

## 07 鏝刀

也稱爲推刀、抹刀。常用於塗料鏝抹或批土抹平，有塑料、不鏽鋼等材質。許多藝術塗料都會使用進口鏝刀進行施作。

攝影__ Evan

## 08 補刀

主要用於清除舊漆、剷除異物、批土整平用，但也可以作爲藝術塗料鏝抹施作的工具。

圖片提供__油漆小哥

## 09 漆盤

使用滾筒、平面刷的必備工具，可以盛裝漆料讓工具沾附後，再利用漆盤上的刮漆紋路設計去除過多的漆料。有不同尺寸可搭配各種大小的滾筒施作。

圖片提供__油漆小哥

## 10 漆桶

用於盛裝塗料，方便進行稀釋的塑膠桶。另外也有四方漆桶，內附網狀漆盤供滾輪刷使用。

圖片提供__油漆小哥

### 11 攪拌棒

塗料使用前會有色料沉澱的問題，加上可能需要稀釋，
都要用到攪拌棒。除了以乾淨的木棒攪拌外，也有專用
的調漆棒，設有間距氣孔方便快速攪拌，以及懸掛勾設
計能懸掛在桶邊，有些調漆棒更有刻度功能。

圖片提供＿＿油漆小哥

### 12 攪拌機

用於攪拌漆料，使其更好地混合。水泥攪拌機同樣可以
用來攪拌塗料。

圖片提供＿＿ TZU

### 13 抹布

用於粉刷面的清潔、塗料的擦拭，若漆料滴濺到地板或
其他物品也可以用濕抹布立即清除。

圖片提供＿＿油漆小哥

### 14 收尾刀

珪藻土等軟質性泥漿類塗料的施作工具，可用於抹平、
做造型等用途。

圖片提供＿＿ TZU

## 15 海綿

可用於特殊漆的施作，沾附塗料後以拍打方式刷出雲彩等效果。

圖片提供__ TZU

## 研磨工具

## 01 砂紙

主要用於施作面的打磨，使表面更光滑。砂紙根據不同的粗糙程度分為不同番數（號數），數字愈大代表愈細、愈小代表愈粗，此外又可以分成乾磨砂紙跟耐水砂紙，水砂紙可以乾濕兩用。

圖片提供__油漆小哥

## 02 砂布

與砂紙不同之處在於背覆材料是布製成的，也有不同粗度可以選擇。在相同號數下，砂布比砂紙更粗，也比較耐用。

圖片提供__油漆小哥

## 03 砂紙磚

另外還有海綿砂塊、海綿砂紙，有不同尺寸、厚度、粗細，也有梯形斜角設計的，主要用於打磨、表面髒污清理等用途。

圖片提供__油漆小哥

CH
1

基礎篇

常用材料

常用工具

基礎觀念

素地處理

瑕疵缺陷

## 04 砂紙夾

用於固定砂紙架好進行打磨，避免直接用手持砂紙作業會磨擦生熱，適合小範圍的施作。

圖片提供＿油漆小哥

## 05 砂紙機

俗稱小烏龜，可以將砂紙固定在上面進行打磨，效率更佳且更省力，適合大範圍施作使用。

圖片提供＿油漆小哥

## 06 鐵刷、鋼刷

用於除污、研磨、拋光、除鏽等作業。

圖片提供＿油漆小哥

## 遮蔽工具

### 01 和紙膠帶

用於遮蔽非施作面，有高黏度、低黏度的類型可依照需求選用。施作幾何圖形牆面時，也會使用和紙膠帶抓線條。和紙膠帶在塗刷完成後，記得在漆膜乾燥前去除，免得固化後變得難撕。

圖片提供＿油漆小哥

### 02 養生膠帶

是膠帶和塑膠膜的結合，其中一邊為黏性膠帶，其他整個面都是塑膠膜。只需要將膠帶固定好後，就可以攤開塑膠膜包覆所需保護的傢具跟裝潢。

圖片提供＿油漆小哥

### 03 養生紙

也稱為紙養生膠帶，是膠帶和牛皮紙的結合，因為厚度較厚的關係，適合鋪陳在地面做防護。

圖片提供＿油漆小哥

# 其他

## 01 高壓清洗機

主要用於室外磁磚、抿石子表面等的清潔。

## 02 工作梯

進行較高牆面或天花板塗刷時使用。

圖片提供__瓦薩里藝術塗裝工程行

## 03 工具燈

批土、底漆工序完成後，需要用工作燈從側面打光檢查
牆面是否平整。

## Part 3.

# 基礎觀念

塗裝工程像化妝一般，從膚質、底妝到彩妝，一個步驟不對就會影響整體。開始進行工程前，要先了解一些雖然很基礎，卻非常重要的觀念，像是批土、打磨雖然完成後看不見，卻是爲後來上漆工序打好基礎的關鍵。另外也要了解塗料用量計算的公式、使用溶劑的風險、安全施工的原則……等，都是每一次施作一定會遇到的重點。

## 01 批土

以最常施作塗料的牆面來說，平整是完成面是否好看的最大關鍵。批土主要是以樹脂石膏類的產品將牆面凹洞補平，此步驟很重要，因爲若未將牆面批土做得平整，表面坑坑疤疤，無論塗佈哪一種漆都無法遮掩瑕疵，會使牆面呈現凹凸不平的質感。批土一般上會視牆面情況決定施作次數，直到完全平整爲止，不過批土的次數愈多，工錢愈高。而木作天花板與輕隔間是採用板材封板，批土前需使用專用填縫紙或 AB 膠來填縫並黏著。

## 02 打磨

也叫研磨、磨砂，此道工序在塗裝工程中經常出現，像是批土乾燥後，會以砂紙或研磨機等工具做磨平；或是木器塗裝前中後藉由一次又一次的砂光，去除表面顆粒、木削或纖維毛；抑或是牆面塗刷完成後，以砂紙輕輕打磨除去表面不平滑的地方。砂紙、砂布等研磨工具依照粗糙度有不同的號數、用途（數字愈大代表愈細），可依照粗磨、細磨的需求使用不同號數，一般會從編號小的慢慢用到大的，表面更細緻。

研磨時會產生大量粉塵，建議戴上口罩再來施作。圖片提供＿鯤承油漆工程

## 03 底漆與面漆

塗裝工程中常說「幾度幾面」，其中幾度指的就是「幾道底漆」、面則是指「面漆」。底漆的作用，是增加面漆的附著力，許多產品更有抗鹼、防水、耐水、防鏽的功用，同時也能達到保護及美化牆面的效果。而木材也能藉由油性底漆的塗佈，避免日後吐油的情況。選擇底漆時，要留意底層塗料（底漆）與上層塗料（中塗漆、面漆）相容性的問題，以免施作品質大受影響，建議遵循產品原廠建議最為妥當。

## 04 稀釋與攪拌

大部分塗料使用前都要先經過稀釋，藉此降低樹脂黏度，不會太濃稠，更好塗刷。油性塗料的稀釋要用甲苯、松香水等有機溶劑，水性塗料則用水稀釋即可。進行稀釋時，一定要留意塗料的濃稠度要適當，因為太稀也會有顯色不均、容易垂流等問題，建議依產品說明調配稀釋比例。即使是不需要稀釋的塗料，開罐後也要充分攪拌均勻，才能呈現最完美的顏色。

## 05 過濾

由於塗料內可能有凝固的漆塊，施作後會降低施作面的美觀，或者堵住噴槍的噴嘴出口，因此有必要或進行噴漆作業前，可以先用濾網或過濾襪將塗料倒入過濾，藉此排除漆料中的顆粒。

圖片提供＿ KEIM 德國凱恩礦物塗料

## 06 乾燥時間

塗料的產品規格上會標明乾燥時間，共有兩種，分別是「指觸」與「堅結」，指觸指的是摸起來表面乾燥，但內部其實尚未完全乾燥，而堅結則是完全乾燥，此時性質大致穩定，但要到物性化性完全穩定需要 5~7 天。一般上，再次塗裝的間隔時間會是指觸乾燥，不過還是依照產品技術手冊建議為準。另外，乾燥情況也會受到天氣、氣溫、濕度、通風等因素影響。

## 07 單液型與雙液型

塗料可分為單液型與二液型 2 大類，單液型即所謂的一液型，只需加入調薄劑、攪拌均勻就可以使用。雙液型又稱二液型，是由 A 劑（主劑）與 B 劑（硬化劑）組成，使用前需要將兩劑以適當比例調和，靜置一段時間發生反應後才能塗佈。

## 08 容量單位

塗料的容量單位從小到大依序為公升（L）＞加侖（Gallon）＞桶。1 公升也被稱為 1 立裝；而塗料的加侖採美制單位，1 加侖裝換算為 3.785 公升；1 桶則是 5 加侖，也有 5G（G 為加侖英文的縮寫）、1T（T 來自於桶 Tong）的用法。

漆罐通常裝 1 加侖（3.785 公升）的塗料。圖片提供__ KEIM 德國凱恩礦物塗料

## 09 油漆用量計算

依據想塗刷空間的地坪面積乘以 3.8 倍，可約略計算出天花板與牆面的塗刷面積量，如果只刷牆面則只需乘上 2.8 倍，接著再依選定產品各自不同的耗漆量，即可估算出需要的用漆量。舉例來說，30 坪的地坪乘以 3.8 後，可約略得知天花板與牆面的塗刷總面積量約為 114 坪，除以乳膠漆的理論塗佈面積 6.7 坪／加侖（以塗刷 2 道計算），便可以知道大約需要 17.014 加侖的塗料。不過由於每個空間的牆面高度不同，會形成塗刷面積計算誤差，加上門窗大小也有所影響，計算時可依自己屋高燈來斟酌增減。

坪數 x2.8= 牆面塗刷面積
插畫__黃雅芳

## 10 光澤度

塗料產品常常可見平光、半光、亮光，指的是塗膜完成後的光澤度，最亮的是亮光，再來是較不反光的半光，最後是霧面質感的平光。還有一種啞光（或寫作亞光），其實與平光相似，可以再大致分為半啞光（光澤介於 40 ～ 60%左右）與全啞（光澤低於 30%）。

## 11 過期漆

購買或使用漆料時請檢查製造日期，並注意桶罐是否密封，若有滲出物請更換漆料；另外，觀察內容物有無不正常結粒或發臭等現象，若有請勿使用。這些過期產品或保存不當的漆料可能發生不易攪拌、顏色不均勻的情況。若要丟棄塗料有特殊規定，要將廢棄油漆倒出用報紙包覆後，用專用垃圾袋盛裝，循一般廢棄物交給垃圾車丟棄，油漆罐則交由資源回收車回收。

## 12 安全施工

塗裝工程存在許多潛在危害，最廣為人知的便是油性漆無論是稀釋添加的溶劑或本身，都含有較高的揮發性有機物（VOCs），施作過程中會釋放大量有害物質，即使塗完也會持續揮發半年以上，如果在缺乏通風的密閉空間，對作業人員的傷害更是嚴重，因此才會建議室內盡可能施作水性漆。若要施作具危險性的塗料，要制定安全施工計畫，包括通風的配置、防護具的使用等。另外還存在外牆粉刷高架作業墜落滾落、跌倒，有機溶劑揮發於大氣後，遇到火源可能發生爆炸等風險，都需要嚴謹地處理，以防意外發生。

## 13 工具清潔

每次塗刷工程結束，都要立即清洗刷具、滾筒等工具，儘量刮除或將多餘的漆料抹在舊報紙後，水性漆用水浸泡工具，油性漆則用溶劑型清潔劑浸泡約 2 小時候再用乾淨的布擦乾，然後放在陰涼乾燥處供下次使用。如果希望工具放到隔天都不會乾掉，能繼續工程的話，只需要用保鮮膜包住，或是放入密封的塑膠袋，再在把手邊緣貼紙膠帶即可。

圖片提供＿ KEIM 德國凱恩礦物塗料

# Part 4.
# 素地處理

素地整理是任何工程最重要的步驟之一，對塗裝工程來說，素地基材的處理，對施作完成面有著極大的影響，也是成功與否的關鍵。塗裝工程常遇到的素地類型有室內水泥面、舊漆膜、外牆、木材面、金屬表面、矽酸鈣板等複合材質、壁癌問題牆面……等等，各自的處理方式都不盡相同，但都要妥善處理，才不會產生漆膜無法良好附著、完成面開裂等情況。

## 01 室內水泥面

如果是新砌水泥面，通常只需等待 2 ～ 3 周養護完成並完全乾燥，含水率在 12% 以下後，簡單清潔、擦拭粉塵即可進行塗裝；而舊屋翻新則需視牆面狀況，若有嚴重壁癌要先另行處理，再仔細檢查有無異物，避免牆面有附著物影響之後的批土與上漆效果。

### 施作步驟詳解

### Step 1⋯⋯⋯檢查並去除牆面異物

事先檢查有無釘子、膠帶等異物並去除，至於表面的污漬則可不用處理。

### Step 2⋯⋯⋯刮除脫落的舊漆膜

使用刮刀刮除不平整、龜裂、破損隆起的舊漆膜，如果可以輕鬆刮除表示該區域的漆料與牆面已經分離，因此周圍的漆面也要一併刮乾淨。另外，其他水泥面突起物、油漬都要刮除，以免造成批土與油漆層無法附著，發生日後凸起的狀況。最後，再以鋼刷將粉塵清除刷掉。

### Step 3⋯⋯⋯批土與研磨

準備批土、石膏粉、刮刀等材料與工具，以刮刀取適量批土填平凹洞處，可以先由主要坑疤區與較大的面積處做起，接著局部小處作「撿補」的動作，直到表面完全平整為止。木工櫥櫃及門框等處因與壁面為不同材質的結合，在接縫處也要做批土的動作，才能保障漆牆沒有

裂縫。如做接縫、補洞處理，可酌量在批土加入石膏粉攪拌後使用，能強化補土乾燥後的強度。如果要多次批土，一定要等待批土完全乾燥再進行下一道。待批土乾燥後，利用砂紙以繞圓方式研磨牆面，讓牆面更平整，若研磨面積較大建議使用砂磨機。

補土時會加入色料，達到標示提醒作用。圖片提供__油漆小哥

批土研磨時，用工作燈側面打光，是能檢驗牆面是否平整最重要的步驟。圖片提供__油漆小哥

**注意事項**

批土只能補小裂縫，如果有很深或很大的裂縫，還是得用水泥填補。

## Step 4⋯⋯⋯表面清潔

利用乾抹布擦拭牆面，將粉塵擦拭乾淨，即可開始準備塗刷。

外牆類型多元，無論水泥砂漿面、舊漆膜、磁磚、抿石子等都很常見。如果是新作水泥面，一樣要養護完成後才能開始動工。舊漆膜的話，一般可以直接覆蓋，但要注意新舊漆的相容性，如果油性舊漆膜要改上水性漆，就要特別上接著底漆（或稱介面漆）；即使是油性舊漆膜要上新的油性漆，也要知道新舊油性漆是否相容，免得起皺。因此油性舊漆膜完全去除再上新漆較保險。

### 施作步驟詳解

### Step 1⋯⋯⋯去除表面雜物、粉塵

將施工面雜物、粉塵、鬆動物質如舊漆膜清除。外壁磁磚、抿石子可以用高壓水刀清洗，將縫隙污垢、舊漆都去除，如果用水洗的話要等待 3 天以上，讓水氣完全乾燥才可進行施工。

牆面上的青苔、異物都要確實去除。攝影＿ Evan

#### 注意事項

如果外牆已經出現漏水狀況，就要先找出漏水原因，視情況先處理管路維修或裂縫的修補才行。

## Step 2·········舊漆膜或破損磁磚處理

視情況決定是否需要將舊漆膜完全剷除，或是上一層接著底漆增加附著力。磁磚外牆則要先將破損、膨共的磁磚去除，不過如果膨共比例高於 20%，建議全敲除比較安心。

## Step 3·········表面整平

外牆也可以用批土，但要用外牆專用的「彈性批土」，如果用室內批土很快就會出現龜裂、剝落等問題。將施工面表面粉塵清理乾淨，確保完全乾燥後，利用刮刀將彈性批土填滿接縫、裂縫與小洞，待完全乾燥後再視需求進行第二道、第三道；磁磚面與抿石表面的細裂紋，可以用中性透明矽利康填補，較大的凹洞或裂縫則建議用水泥混合海菜粉進行填補。切除的磁磚面，也要用水泥砂漿鏝平至與磁磚平齊。由於磁磚表面有施釉不利於附著，因此要施作一層介面漆，再以泥作整平原有的磁磚基面。

---

**注意事項**

1. 外牆專用彈性批土有需要的話，也可以混合石膏粉或水泥粉使用，但要注意雖然能提升補土強度，卻會降低彈性。
2. 磁磚狀況良好，可以不用拆除。如果只是想要磁磚上漆改色，表面徹底清潔並乾燥後便可以上漆。

## 03 木材表面

不管是實木傢具、實木貼皮、木器、戶外木柵欄或是木地板，這些木材表面都需要經過塗裝，以達到保護木材、延長壽命的目的。木器上漆後是需要定期保養的，一般上如果已經完成塗裝，再次養護時僅需要輕微磨砂就可以直接再上漆（但要使用相同的產品）。而從沒有經過保養，或舊漆膜已經受損的話，就要從頭開始施作。

### Step 1⋯⋯⋯清除舊漆膜、風化表層

木作施作完如果沒有經過保養，暴露在環境中過久，表面就會有風化氧化的問題，若想上漆防護，就一定要先把表面受到風化作用或紫外線破壞的表層利用磨砂紙機，選用不同程度的砂紙清除掉。若木材曾上漆保護，但是已經受損或想更換其他類型的塗裝（如從有塗膜換成滲透型），可以使用砂紙或去漆劑將舊漆膜完全清除，而使用去漆劑的話，使用完後要先用水洗，且完全乾燥後才可以重新上漆，否則會有乾燥不良現象。

### Step 2⋯⋯⋯受損凹陷處補土填平

檢查木材表面，如有任何需修補處，要在上漆前完成。找出受損凹陷的地方補土填平，以刮刀將表面刮平後靜置待乾。

圖片提供＿德寶塗料

### Step 3⋯⋯⋯砂磨除去表面異物與污漬

補土乾燥後，以 #150～#180 的砂紙輕磨，去除多餘的補土以及表面其他霉菌、污漬、突起的纖維毛等等，直到手觸表面有一點平滑感。

圖片提供__德寶塗料

## Step 4·········表面清潔

經過研磨會產生許多木屑，因此需要以刷子或布徹底清潔表面灰塵，接著就能視情況開始上頭度低漆、二度低漆或其他塗料。上漆前務必記得確認木材足夠乾燥，含水率低於 20%。

圖片提供__德寶塗料

## 04 金屬表面

舉凡鐵門、鐵窗、各種金屬鐵件要施作塗裝，最首要的便是除鏽工程。除鏽作業是具有危險性的工作，因爲研磨處理飛散而起的粉塵，一旦吸入人體容易造成鉛中毒、矽肺等不良影響，是造成職業病的原因之一。因此進行金屬表面前置作業時，務必準備好防護口罩，並確保通風良好。

## Step 1········除鏽作業

金屬的塗裝成功與否，大多與底材處理有關，尤其除鏽處理不到位，上了漆也無法阻止鏽蝕的蔓延。除鏽方式很多種，以下針對常見的幾種工法做介紹：

Point 1. 噴砂
噴砂是最快也最徹底的除鏽方式，是以壓縮空氣爲動力，將細小磨料高速噴至物體表面，利用衝擊力達成鏽蝕剝落效果的破壞性加工，也能製造出表面粗糙度以利後續防鏽漆的附著。不過，噴砂對於環境的要求高，因爲塵埃會四處飛散，所以要把周圍的物件都防護起來，通常工廠環境才會進行噴砂。

Point 2. 磨砂
這是實務上塗裝工程較多使用的方法，利用手工具或電動工具，慢慢地將鏽磨掉。可用粗的砂紙、鋼刷先做大面積的處理後，再用細砂紙作細節的處理；或者用砂輪機搭配正確砂輪片進行打磨。

Point 3. 酸洗
利用硫酸液，或鹽酸配入活性劑在常溫浸泡 20～30 分鐘，這種方法施工簡便，對浮鏽或鬆懈黑鐵皮的去除相當有效，可以用在構造複雜的物品，但需配入酸抑制劑，阻止酸成份對母金屬的侵蝕，且後續清洗有難度，需用 60～65℃清水洗淨，最後再浸入 80～90℃的 2％稀磷酸液使表面形成一層防鏽性磷酸鐵薄膜。

Point 4. 高壓水刀

利用超高壓水噴射於表面，對舊漆膜與鐵鏽的去除有良好效果，也不會產生粉塵等公害。然而因為金屬有水份附著的關係，如果沒有配合加入抑銹劑，或是立刻乾燥並上防鏽漆，很容易就會再生鏽。

Point 5. 除鏽劑與鏽轉化劑

除鏽劑（Rust Remover）可以透過浸泡、塗佈擦拭等方式除鏽，鏽轉化劑（Rust Converter）則是塗抹在生鏽表面後，會將鏽轉化為一層黑色惰性物質，保護裡面的金屬面不再與外界空氣繼續產生反應。

## Step 2⋯⋯⋯**清理灰塵、油污**

除鏽完成後，去除表面油漬、灰塵，以利塗膜的附著。

## Step 3⋯⋯⋯**上防鏽底漆**

為了保護已經除完鏽的表面不再受到空氣、水分與其他物質的侵蝕，要塗佈防鏽漆，利用漆膜來隔離，加強防護。

## 05 板材表面

空間裝潢中，常會用到木板或是矽酸鈣板、石膏板、美耐板等合成角材，從天花到隔間都會見到它們的蹤影。一般上，木作工班會在板材與板材接合處留有一條約 5mm 大小的縫隙，因此上漆前最主要的前置處理就是要填住這些縫隙。另外，線板上漆前也適用於相同的處理方式。

### Step 1⋯⋯⋯以 AB 膠填縫

將 AB 膠的 A 劑與 B 劑均勻混合後，一一填入板材間的縫隙與釘孔。會選用 AB 膠是因為具有硬化後不收縮、高黏著力的特性，足夠抓緊兩片板材而不讓板材稍有碰撞就開裂，也保有些微彈性，碰到地震交接處也不會產生細紋。

圖片提供＿油漆小哥

提供＿油漆小哥

#### 注意事項

1. 如果發現板材之間沒有留縫，幾乎貼在一起，雖然可以用切割機重新切出倒角，但處理上有難度，建議打除重釘最為保險。
2. 請勿直接批土填補縫隙，日後很容易就會開裂。

## Step 2·········批土與研磨

等膠乾後清掃表面粉塵，再以批土整平，先針對 AB 膠修補過的地方作局部補土，再整面批土。待批土乾燥後，利用砂紙或砂磨機將表面土粒、不平整或有刀痕的地方全面研磨。有些師傅會在批土中加入石膏粉，或是白膠增強黏合度；也有人會在 AB 膠處貼玻璃纖維網來強化抗裂，不過這可能造成貼玻纖網突起的情況發生。

先從補過 AB 膠的地方開始做補土。圖片提供__ TZU

> **注意事項**
>
> 如果板材是會吐油的木板，補土完成後要先多一項封油底漆的程序，避免以後上水性漆後發生吐油的情況。

## Step 3·········異材質交界處上矽利康

如果牆面或天花有異材質的交界，像是木材與水泥，就需要塗上矽利康收邊，以放置異材質彈性係數、熱漲冷縮率不同而造成漆面開裂。

> **注意事項**
>
> 如果用 AB 膠或補土混白膠做異材質交界處的填補，日後仍然存在裂開的風險。

## 06 壁癌問題牆面

壁癌又稱白華、吐鹼，當水進入牆體，加上空間濕度過高、陽光照射不足等環境因素，使得水泥砂漿層的游離鈣溶於水中，便會在牆體表面形成白色碳酸鹽類結晶。由於產生原因相當複雜，工程界無法找出一勞永逸的防治方法，故稱之爲壁癌。壁癌有好幾種型態，雖然處理上鼓勵要先斷絕水氣進入結構體的源頭，但這套治本的處理方式工程量大，且仍然存在其他滲漏水點未能查出、潮濕型壁癌無法治理等難題。因此，本文僅介紹透過塗料將水氣封閉起來、較簡單的處理方法，但要注意此方法只是治標不治本。

### Step 1⋯⋯⋯刮除脫落批土和漆

利用刮刀徹底清除牆面剝落的批土與漆膜，以及白華、黴菌、粉塵、油脂等其他附著物，並用砂紙磨掉已經粉化的水泥並清掃粉塵。

圖片提供__油漆小哥

### Step 2⋯⋯⋯施作壁癌清除劑

將壁癌清洗劑塗刷上牆面，停留一段時間滲透水泥去除碳酸鈣後，再用乾淨濕布擦拭。如果使用得利、虹牌等品牌廠商的抗壁癌包產品，裡頭一般會有 2 ～ 3 種塗料，第一種依產品不同可能是滲透性防霉劑等，依照規定順序施作即可。

圖片提供__油漆小哥

## Step 3·········上防水塗料、抗鹼底漆

接著塗上防水塗料及抗鹼底漆，防堵正負水壓水分或濕氣滲透進入，進而防止面漆遭受壁癌侵蝕粉化。抗壁癌包中通常都會有這兩種塗料，施作次數則依照各別產品的建議。

圖片提供＿油漆小哥

**注意事項**

切記層層塗刷都要等待完全乾燥後再進行下一道。

## Step 4·········批土填平

牆面若有凹洞，用批土石膏整平、乾燥後再塗刷面漆。

## Part 5.
# 瑕疵缺陷

塗裝完成面的效果好壞，取決於每個步驟是否有完整且正確的施工。一般上，塗膜出現瑕疵缺陷，原因不外乎是塗料本身品質有問題、選擇錯誤塗料、沒有按照規定方法施工如攪拌不均、一次塗刷過厚、沒有等待下層漆膜乾燥就立即施工，或是表面前置處理不適當、工具或塗裝環境不佳……等。以下列出常見瑕疵缺陷的成因與處理及預防方法。資料提供＿虹牌油漆

## 塗料變質

### 01 膠化 Gelation

塗料變成膠狀，失去流動性。

| 原因 | 防範與處理方法 |
|------|----------------|
| 貯藏時間太久或貯藏條件不良 | 不要貯藏太久，舊品先出倉使用。避免貯存在太陽直曬與氣溫特別高或太低的場所 |
| 使用錯誤調薄劑 | 使用規定調薄劑 |
| 不同系統塗料混合 | 避免不同系統或不同廠牌塗料的混合 |
| 聚氯乙烯樹脂漆低溫時的特有現象 | 貯存在氣溫較高場所或加溫使用 |
| 漆罐密封不良，溶劑揮發 | 加調薄劑調薄，換包裝罐 |
| 二液性塗料經混合後，超過可用時間 | 一次調配以半天用量爲原則 |
| 厚塗型塗料正常搖變（Thixtoropic）現象 | 了解塗料特性，如果是搖變性膠狀，攪拌就能變回液狀 |

※ 其他不明原因的膠化塗料，應廢棄不用。

### 02 沉澱結塊 Settling

顏料成份沉於罐底結成塊狀。

| 原因 | 防範與處理方法 |
|------|----------------|
| 貯藏時間太久 | 不要貯藏太久，舊品先出倉使用 |
| 過度調薄 | 不要加過量調薄劑 |
| 紅丹、氧化亞銅等重質顏料沉澱 | 充分攪拌 |

※ 如果結塊情況太嚴重，無法調開，應廢棄不用。

## 03 結皮 Skinning

塗料表層出現乾燥結皮現象。

| 原因 | 防範與處理方法 |
|------|------------|
| 防皮劑配量太少或乾燥劑使用過多 | 不要加過量乾燥劑，添加防皮劑 |
| 罐蓋漏氣或未蓋緊 | 貯裝於密封罐 |
| 少量塗料使用大型漆罐貯裝 | 移裝入小型漆罐，儘可能不留空間 |

※ 除去結皮、充分攪拌後，過濾使用。如果結皮情況太嚴重應廢棄不用。

## 塗裝作業中發生

## 01 橘子皮 Orange Peeling

噴塗作業產生，塗面像橘子皮一樣凹凸不平。

| 原因 | 防範與處理方法 |
|------|------------|
| 塗料黏度太高，使用溶解力不良的調薄劑或溶劑揮發太快 | 使用規定調薄劑，適當稀釋 |
| 噴鎗運行太快，噴鎗與塗面距離太遠 | 調整噴鎗運行速度以及與塗面的距離 |
| 被塗物溫度太高、氣溫太高或風速太大 | 在適當氣溫條件與環境下施工 |
| 塗料品質不良 | 選用優良品質塗料 |
|  | 用砂紙磨平重塗。 |

## 02 塌凹 Cissing

因塗料散播產生凹凸或孔穴。

| 原因 | 防範與處理方法 |
|------|------------|
| 施作面有油漬、水份殘留，或塗裝工具帶進水份或礦油，矽利康油尤其會產生嚴重塌凹 | 清除施作面油漬、水份等附著異物；器具使用完後應徹底洗淨 |
| 被塗物過分平滑與堅硬 | 用砂紙研磨打粗，或除去漆膜重塗 |

## 03 氣泡 Bubling

空氣混入塗料中，留在漆膜形成小泡。

| 原因 | 防範與處理方法 |
|---|---|
| 塗料經強勁攪拌後，不待混入空氣消失就拿來塗裝 | 不做激烈攪拌，攪拌後待氣泡消去再塗裝 |
| 溶劑揮發太快，或被塗物溫度太高 | 使用揮發性較慢溶劑 |
| 塗料黏度太高 | 使用規定調薄劑調整黏度，去除漆膜重新塗刷 |

## 04 拉絲 Cobwebbing

噴塗時出現絲狀情形。

| 原因 | 防範與處理方法 |
|---|---|
| 塗料膜黏度太高 | 使用規定調薄劑調整黏度 |
| 溶劑揮發太快 | 使用揮發性較慢溶劑 |
| 噴鎗口徑太小，壓力太高 | 使用較大口徑噴鎗、降低壓力 |

## 05 流痕 Sagging

垂直面出現塗料流下，聚結成厚膜的現象。

| 原因 | 防範與處理方法 |
|---|---|
| 一次噴塗量太多 | 調整噴塗量 |
| 噴塗距離太近或噴鎗運行太慢 | 調整噴鎗距離與運行速度 |
| 塗料黏度太低 | 避免過度調薄 |
| 光滑塗面的上層塗裝 | 用砂紙磨粗 |
| | 使用砂紙磨平瀉流部分或鏟除重塗 |

## 06 刷紋 Brush Mark

漆刷運行方向留下凹凸刷紋。

| 原因 | 防範與處理方法 |
|---|---|
| 使用粗糙短毛漆刷施工 | 使用品質優良的刷具 |
| 塗料本身之流展性不良（快乾性漆較易發生） | 配合少量高沸點溶劑或增加調薄劑 |
| 被塗物底面粗糙，吸漆性較大 | 預先用同一塗料調薄，做一層薄層塗裝 |
| | 用砂紙磨平重塗 |

## 07 白化 Blushing

塗膜表面形成一層乳白霧狀的現象。

| 原因 | 防範與處理方法 |
|---|---|
| 空氣溼度太高,導致空氣中的水份凝結於塗面產生發白混濁現象 | 避免在下雨天或高溼度環境施工,或發性溶劑(防白劑)稀釋 |
| 塗裝後在夜間因氣溫下降,水份凝結於塗面 | 油性或環氧系塗料因乾燥較慢,最好避免在傍晚施工 |
| 被塗物之溫度較氣溫低 | 待被塗物溫度昇高時再施工 |
| | 噴漆類的白化現象,可待溼度降低時噴塗防白劑即可消除 |

## 08 吐色 Bleeding

底層塗料顏色滲透進上層漆膜。

| 原因 | 防範與處理方法 |
|---|---|
| 未乾底層漆上做上層塗裝 | 待底層漆乾透後再做上層塗裝 |

## 09 剝離 Lifting

上層油漆溶劑浸透底漆,產生剝離現象。

| 原因 | 防範與處理方法 |
|---|---|
| 上層塗料的溶劑太強,或底層與上層漆配合不當 | 避免不同系統的塗裝疊層塗裝,不做過度調薄 |
| 底層漆與上層漆塗裝間隔太短 | 待底層漆充分乾燥後再施塗上層漆 |

## 10 顏色分離 Flocculation

塗面顏色濃淡不均。

| 原因 | 防範與處理方法 |
|---|---|
| 調薄劑用量過多 | 不做過份調薄 |
| 漆膜厚度不均 | 不用劣質硬漆刷,或做過份厚塗塗裝 |
| 塗料攪拌不均 | 充分攪拌 |
| 調色不均 | 二色以上塗料調合時,沒有充分攪拌或做適應性檢討 |
| | 用砂紙研磨後重塗 |

## 11 砂皮 Sandy

噴塗漆粒太大，產生不平粗面。

| 原因 | 防範與處理方法 |
|---|---|
| 使用不適當調薄劑 | 選用規定調薄劑 |
| 黏度太高 | 用規定調薄劑調成適當黏度 |
| 噴漆工具的噴塗壓力不當 | 調整空氣壓力與噴鎗 |
|  | 用砂紙磨平後重塗 |

## 12 乾燥不良 Delaying of Drying Time

塗料在規定時間內不乾。

| 原因 | 防範與處理方法 |
|---|---|
| 氣溫太低，溼度太高或在不通風場所施工 | 使用規定調薄劑 |
| 塗面有水份或油跡 | 做完整表面處理 |
| 二液型塗料的硬化劑配量不足 | 按規定量加硬化劑，並做充份調合 |
| 過分厚塗塗裝 | 按規定漆膜厚度施工 |
|  | 經過長時間暴露還不乾時，除去漆膜重塗 |

## 13 回黏 Aftertack

已乾漆膜再發生黏漆現象。

| 原因 | 防範與處理方法 |
|---|---|
| 被塗面有酸鹼成份附著 | 新水泥面或焊錫的鹽酸附著部分，塗裝前應先做適當處理後再施工 |
| 使用不揮發性溶劑或不良品質的塗料 | 不使用成份、性能不明的塗料 |
| 塗裝品未乾透就包裝堆積 | 待完全乾燥後再包裝 |
|  | 經長時間放置後還不乾時，除去漆膜重塗 |

## 14 針孔 Pinholing

塗面有針狀小孔。

| 原因 | 防範與處理方法 |
|---|---|
| 被塗面有灰塵、油、水份附著 | 做完整的表面處理 |
| 塗料中有油、水份存在 | 注意塗料中是否有油、水份混入 |
| 溶劑揮發太快 | 使用慢揮發性溶劑 |
| 底層漆未乾 | 待底層漆完全乾透後再做上層塗裝 |
|  | 用砂紙研磨後重塗 |

## 塗膜形成後

### 01 變色 Discoloration

塗膜變色。

| 原因 | 防範與處理方法 |
|------|----------------|
| 使用有機性顏料者較易變色 | 淺色塗裝應選用不變色顏料 |
| 含鉛或銅類顏料油漆與硫化氫接觸變黑 | 有硫化氫產生環境應避免使用鉛或銅系顏料 |

### 02 龜裂 Cracking

塗面產生裂紋。輕者稱為 Checking，嚴重者稱為 Cracking。

| 原因 | 防範與處理方法 |
|------|----------------|
| 塗膜太厚 | 避免過分厚塗 |
| 下層漆未乾 | 待下層漆乾透後再做上層塗裝 |
| 上、下層塗裝配合不當，性質不合 | 慎重考慮塗裝系統，避免不同系統的塗料疊層塗裝 |
| 溫度急激下降 | 氣溫突然下降時應停止施工 |
| | 除去龜裂漆膜重做塗裝 |

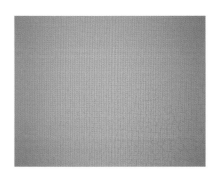

圖片提供__ Dulux 得利塗料

## 03 粉化 Chalking

塗膜表面變成粉狀漆面。

| 原因 | 防範與處理方法 |
|---|---|
| 使用易粉化顏料或填充顏料使用過多 | 使用不粉化型顏料製成的塗料 |
| 過分稀釋塗料 | 塗料不要過分調薄 |
|  | 用砂紙研磨後重塗 |

圖片提供__ Dulux 得利塗料

## 04 起皺 Wrinkling

塗膜有皺紋現象。

| 原因 | 防範與處理方法 |
|---|---|
| 過分厚塗，造成表乾裏不乾 | 避免過份厚塗塗裝 |
| 下層漆未 | 待下層漆乾透後，再做上層塗裝 |
| 乾燥劑用量太多 | 控制乾燥劑用量 |
| 爲了促進乾燥，將塗面加熱或直曬太陽 | 避免急激加熱 |
|  | 用砂紙磨平後重塗 |

## 05 失光 Clouding、光澤不均 Gloss Shitting

塗膜上出現無光澤或部份有光，部份無光現象。

| 原因 | 防範與處理方法 |
|---|---|
| 多孔質底面或底面狀況不均 | 做加層塗裝，至出現均勻光澤爲止 |
| 漆膜厚度不均 | 做加勻塗裝 |
| 底面狀況不均，產生部分吸收塗料與部份不吸收塗料現象 | 做加層塗裝，至出現均勻光澤爲止 |
| 爲了促進乾燥，將塗面加熱或直曬太陽 | 避免急激加熱 |
|  | 用砂紙磨平後重塗 |

## 06 起泡 Blistering

塗膜發生起泡浮腫現象。

圖片提供__ Dulux 得利塗料

| 原因 | 防範與處理方法 |
|------|---------------|
| 因生鏽扛起漆膜 | 做完整表面處理與防鏽塗裝 |
| 被塗面有水份，或吸潮性物質附著，以及塗裝器具內有水份存在 | 做完整表面處理與塗裝器具清理 |
| 厚塗型塗料連續使用 | 按規定塗裝間隔施工 |
| | 除去有起泡漆膜重做塗裝 |

## 07 生鏽 Rusting

表面產生鐵鏽。

| 原因 | 防範與處理方法 |
|------|---------------|
| 表面處理不當 | 做完整表面處理，除去黑皮、鐵鏽、水分與其他異物 |
| 塗料性能不良 | 選用品質優良產品 |
| 漆膜厚度不足或施工不良 | 按規定漆膜厚度施工，不要有漏塗發生 |
| | 除去漆膜重做表面處理與塗裝 |

## 08 剝離 Lifting (Scaling)

底面與漆膜，或漆膜與漆膜之間產生剝離現象。

| 原因 | 防範與處理方法 |
|------|---------------|
| 被塗面有油、水份或鐵鏽存在 | 做完整表面處理 |
| 底層漆過分暴露與硬化 | 在規定塗裝間隔時間內做塗裝 |
| 下層漆與上層漆配合不良 | 避免做不同系統或廠牌塗料的疊層塗裝 |
| 不同系統塗料混合 | 避免做不同系統或廠牌塗料的混合 |
| 潮濕木材，或從背面吸收了水份的木材正面塗裝 | 木材要確實乾燥，不做單面塗裝 |
| 過分平滑的金屬面塗裝 | 用噴砂或砂紙磨粗後施工 |
| | 除去剝離漆膜重做塗裝 |

# CHAPTER 2.

# 手 工 塗 裝

| | 刷塗 | 滾塗 |
|---|---|---|
| 特性 | 最常見的塗料施作工法之一，施工的刷具容易取得，手法也簡單，可依局部或大面積來選用大小尺寸的毛刷，但刷塗效果好壞全控制在師傅的技術優劣上。 | 藉由寬版刷面的棉布滾筒刷重複來回地在平面滾刷，可以快速且均勻地為牆面上漆，是牆面刷漆 DIY 最常見的工法。 |
| 優點 | 工具準備便利，局部角落的工程也適合。 | 特殊滾筒紋理產生手作感。 |
| 缺點 | 技術不純熟者容易有刷痕、施工速度慢。 | 漆膜厚薄不易控制，漆面顆粒較大，較耗漆。 |
| 適用情境 | 適合空間小，空間內傢具及雜物較多的地方。 | 可以接受油漆表面顆粒較粗的空間。 |

手工塗裝施工的工法簡易，工具與材料也相當普及，是大多數屋主修繕 DIY 的首選。不過刷塗、滾塗各有優缺點，尤其刷塗並不太適合大面積的施作，既費時也費力，而滾塗雖然施作速度比刷塗快上 5 ～ 7 倍，卻也有容易噴濺漆料、邊緣稜角地帶不好刷的缺點，因此塗裝工程中大多會兩者並用，以刷具補足滾筒的不足之處。

專業諮詢＿ Dulux 得利塗料、虹牌油漆、油漆小哥、喬和工程、KEIM 德國凱恩礦物塗料、德寶塗料、魯班天然木蠟油

# 乳膠漆 + 水泥漆

精準控制力道，能刷出細緻漆膜

■室內天花板 ■室內牆壁 □室外屋頂 □室外牆壁
□地坪 □金屬 ■木材 其他：_____

**30 秒認識工法**

| 所需工具 | 油漆桶、水桶、油漆刷、漆盤、攪拌棒、刮刀、砂紙、砂紙機、海綿、養生膠帶、口罩、手套 |
| 施作天數 | 7 ～ 12 天 |
| 適用底材 | 矽酸鈣板、木夾板、水泥牆面 |

**施工準則**
整平牆面，同時左右、上下來回刷漆，才能平整又不顯刷痕

室內裝修最常使用的塗料莫過於乳膠漆與水泥漆。乳膠漆所構成的主要成分爲水溶性壓克力樹脂、耐鹼顏料與添加劑，由於樹脂本身的粒子較細，能呈現細緻光滑漆面，色彩持久度也高；水泥漆則分爲水性與油性，但因油性水泥漆需添加甲苯等揮發性有機化合物作爲溶劑，因此室內使用多以水性水泥漆爲主。施作時，能選擇毛刷手塗，優勢在於控制塗刷力道之下，能刷出均勻且觸感平滑的漆膜，而毛刷沾附塗料後也不易噴濺滴落，遇到門片、牆角或窗邊轉角也能很好的控制，但有著大範圍塗刷較花費力氣與時間的缺點。此外，相較於水泥漆本身優異的覆蓋力，乳膠漆的漆膜相對薄透，手刷施工更容易突顯刷痕問題，建議要採用十字刷法，上下、左右都來回塗刷，才能呈現乾淨平整的漆面。

圖片提供＿ Dulux 得利塗料

乳膠漆與水性水泥漆都可以經由電腦調色調出上千種顏色，使空間設計與創意不受限。

## 工法一 施工順序 Step

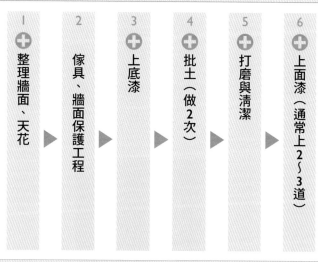

1 整理牆面、天花 ➕
2 傢具、牆面保護工程 ➕
3 上底漆 ➕
4 批土（做2次） ➕
5 打磨與清潔 ➕
6 上面漆（通常上2～3道） ➕

※ 實際施工請以現場情況為主。

### ➕ 關鍵施工拆解 ➕

**Step 1
整理牆面、天花**

若是未經塗刷的新建水泥牆面，以水沖去附著的灰塵、砂粒，等待乾燥後再進行後續工程。若為已塗刷或有貼壁紙的牆面、天花，除了擦去表面毛絮、灰塵，也要先去掉表面貼附的壁紙、刮除脫落或破損的漆膜，如果有壁癌則刮去壁癌，並清除脫落下來的粉塵。新建的木板牆面或天花，則板材之間的接縫處要先以 AB 膠或填縫紙弭平。AB 膠需施做兩次，且上完後需等 3～5 天乾燥，再進行後續批土。

**Step 3
上底漆**

狀況良好的牆面，直接選擇一般的專用底漆塗佈。若為問題牆面，像是有發霉或壁癌，建議使用防壁癌底漆。若是被油煙、燒香燻黑的牆面，則建議油性水泥漆或水性的封油底漆施作，能避免後續發生漆面吐黃的情況。

**施工要點**

1. 施作面積較大時，建議採用效率更快的噴漆，能大範圍一次完成，節省工作時間。若面積小又沒有專業噴槍設備的情況下，則用滾塗取代。

2. 施作前必須做好防護措施，以大片塑料防塵布、養生膠帶貼覆窗框、門片、傢具與不用施工的牆面，避免不小心沾染。若施作處為天花，則對應的地面也要貼上防護。

**Step 4**
**批土（做 2 次）**

沾取補土材料與石膏粉混合後，利用金屬刮刀先從坑疤處開始，大範圍的進行補土，而針對角落、裂縫局部做「撿補」，直到表面完全平整為止。再來進行交接處的填補，像是水泥牆與木作櫃、木作門片之間的縫隙，甚至木作天花、牆面的板材交接處，都需特別運用批土填平。第一次批土後等待乾燥，通常至少 4 小時以上。乾燥後的批土會收縮固化，就能看到裂縫與凹洞變小，再進行第二次的批土。

攝影＿蔡竺玲　　攝影＿蔡竺玲

**施工要點**

注意水泥牆本身就容易凹凸不平，尤其在轉角處要靠批土抓出直角。

**Step 4**
**打磨與清潔**

等待第二次批土乾燥後，再利用研磨機進行磨平，並清潔牆面上的粉塵。

**施工要點**

研磨時會有大量粉塵散布，需戴上口罩防護。

**Step 5
上面漆
（通常上 2~3 道）**

依照產品指示進行稀釋，同時依順時鐘方向充分攪拌，避免漆
料產生色差，也能攪散原有的沉澱物，避免塗料過於濃稠不易
刷開，略微稀釋才方便刷出均勻色調。採用油漆刷施作時，建
議要上下、左右來回塗刷，才能抹去刷痕，讓表面看起來光滑
平整。刷完第一道面漆後，需開窗開門維持通風等待乾燥，通
常室溫達 29 度 C 的空間中，建議要等待 1 至 1.5 小時左右。乾
燥後再塗刷第二道，並重複相同步驟。乳膠漆要達到能遮蓋底
色並顯色的效果，至少要塗刷 2 ～ 3 道。完成後，建議靜置 1
天以上讓漆膜乾燥。

攝影＿蔡竺玲

施工要點

1. 選擇柔軟的動物毛刷，較容易控制力道，同時在使用
   新刷子之前，先拔掉快要脫落的刷毛，以免掉毛在牆
   面上。
2. 塗刷天花板時，為了避免塗料滴落，刷子先在油漆桶
   邊緣刮去多餘塗料，並以 45 度角的方式塗刷。
3. 範圍建議從上而下、由外而內，先做天花板再做牆面，
   才能避免塗料亂滴沾染到牆面

# 磁性漆

## 實現可寫字、可用磁鐵的多工牆面

□室內天花板 ■室內牆壁 □室外屋頂 □室外牆壁
□地坪 □金屬 ■木材 其他:_____

**30 秒認識工法**

| 所需工具 | 刷子、攪拌棒、漆盤、抹布、塑膠袋、遮蔽膠帶 |
| 施作天數 | 1 天 |
| 適用底材 | 矽酸鈣板、水泥板、木夾板、塑合板/密集板、舊有漆面、水泥等各式底材皆適用 |

**施工準則**
通常上完磁性漆會選擇上一層乳膠漆改變顏色,需讓磁性漆完全乾燥

目前市售磁性漆皆為水性,成分多採樹脂搭配鐵粉製作而成,適用於室內各種材質的基層表面,例如水泥牆壁、木板、矽酸鈣板,甚至只要多加一層光滑面底漆,包括玻璃、磁磚也都能使用磁性漆達到吸附磁鐵的功能。另外,通常磁性漆較不會單獨使用,常見與黑板漆、乳膠漆搭配運用,如果加上黑板漆,牆面又可以書寫、塗鴉,提供家人互動或是小朋友隨性繪畫的趣味角落,而若搭配乳膠漆,則能讓鐵灰色的磁性漆創造各種色彩變化。施工相當簡單,打開攪拌均勻即可刷飾,新牆面需要比舊牆面多一道批土程序,接著只要以滾輪或刷具就能施作。

圖片提供__橙白室內裝修設計工程有限公司

磁性漆一般會跟黑板漆、乳膠漆搭配使用,增強牆面的功能性。

## 工法一
### 施工順序 Step

| 1 | 2 | 3 ✚ | 4 ✚ |
|---|---|---|---|
| 基面處理 | ▶ 用水調薄攪拌均勻 | ▶ 磁性漆施作（通常3道以上） | ▶ 上黑板漆或乳膠漆 |

※ 塗刷次數依施工實際情況而定。

---

### ✚ 關鍵施工拆解 ✚

**Step 3
磁性漆施作
（通常 3 道以上）**

若施作面不大，打底後直接以刷子上第一道磁性漆。第一道施作完畢後，等待 4 ～ 6 小時以上再上第二道，通常會塗刷 3 道以上。

**施工要點**

1. 可採重複性刷塗以達所需厚度（4道，乾膜 400um 以上效果較佳）。
2. 如果後續要上其他塗料，至少要等 24 小時後再上塗，並以補土薄批整平。

**驗收要點**

磁性漆施作完成之後，建議每一個地方都要使用強力磁鐵進行測試，如果覺得吸力不夠再增加第三道塗刷。

# 植物漆

不含石化成分，覆蓋力好且耐刷洗

■室內天花板 ■室內牆壁 ■室外屋頂 □室外牆壁
□地坪 ■金屬 ■木材 其他：_____

**施工準則**
施作時必須避開雨季或是潮濕氣候，在乾燥通風環境下進行為佳

環保意識的抬頭，人們對生活品質與環境保護更加注重，愈來愈多天然塗料逐漸取代傳統的石化合成漆，其中包括植物漆。天然植物漆的成分皆取材於自然界中的天然物質，不含任何危害人體的物質，像是採用小麥和玉米梗製成純天然生態樹脂，成分和產品循環週期都能達到零污染的生產效果，甚至能完全堆肥，呈現友善環境的特性。植物漆具備質地細膩、無毒無臭、施工容易，並且可完美應用於牆面上的優點，其施作跟一般塗料一樣可選擇噴塗、滾塗跟刷塗，依照細緻程度的排序為噴塗＞滾塗＞刷塗，如果消費者選擇以刷塗 DIY 施作，要注意大範圍塗刷會較花費力氣與時間。

圖片提供＿喬和工程

植物漆成分是天然樹脂和礦物，不含任何石化成分，塗刷牆面仍可保持毛細孔透氣。

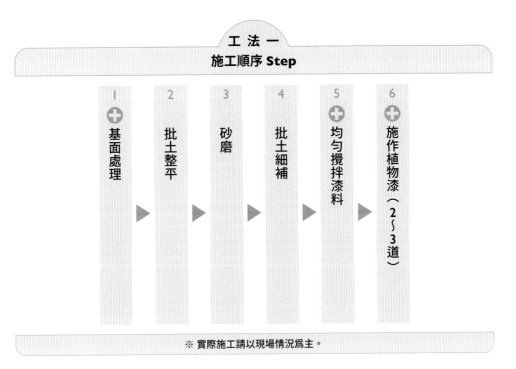

## 工 法 一
### 施工順序 Step

1 基面處理 ▶ 2 批土整平 ▶ 3 砂磨 ▶ 4 批土細補 ▶ 5 均勻攪拌漆料 ▶ 6 施作植物漆（2～3道）

※ 實際施工請以現場情況爲主。

### ➕ 關鍵施工拆解 ➕

**Step 1
基面處理**

植物漆一般可以直接施作在水泥面與矽酸鈣板上，若要施作在其他材質上，則需要先依據底材塗刷特定底漆方能進行後續工序。在矽酸鈣板牆上塗佈前，記得先以 AB 膠釘孔及縫隙處理，再批土整平，確保施作面平整。

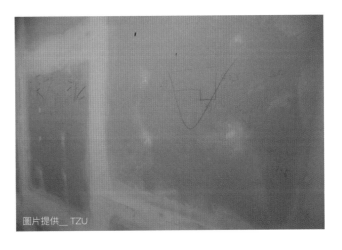

圖片提供＿TZU

55

**Step 5**
**均勻攪拌漆料**

施工前均勻攪拌漆料，直接沾取植物漆。底漆、面塗建議不加水施作，若要加水建議不超過 5%。

圖片提供＿喬和工程

**Step 6**
**施作植物漆（2 〜 3 道）**

均勻地刷塗第一道，塗刷間隔建議 4 〜 6 小時再施作第二道，第二道施作時不加水。

# 天然牆面植物蠟

## 為牆壁上妝，也提供多一層保護

■室內天花板 ■室內牆壁 □室外屋頂 □室外牆壁
□地坪 ■金屬 ■木材 其他：＿＿＿＿＿

**30 秒認識工法**

| 所需工具 | 刷子、軟布、海綿、拋光用毛刷或布 |
| 施作天數 | 1 天 |
| 適用底材 | 已完成同系列面漆塗佈的平整牆面 |

**施工準則**
不同工具塗擦、輕拍、捲繞或堆疊施作，會產生不同的表面效果

藝術塗料的效果近年來蔚為流行，不過天然牆面植物蠟同樣也能打造出個性化的牆面。天然牆面植物蠟的產品，通常用於牆面完成打底或重新塗刷後，再於表面塗佈施作，不僅可作為保護層，也能搭配不同工具、色彩呈現豐富多樣的完成面。不過要注意，天然牆面植物蠟建議只能施作在相同系列的全白底層上，以德國 AURO 的天然牆面植物蠟為例，適用的底層也需要是同品牌的其他塗料塗佈完成面才行。

圖片提供＿橋和工程

天然牆面植物蠟有不同色調以及透明無色產品可挑選。

57

| 1 | 2 | 3 | 4 | 5 | 6 ✚ | 7 ✚ |
|---|---|---|---|---|---|---|
| 基面處理 | 批土整平 | 砂磨 | 批土細補 | 上底漆 | 施作天然牆面植物蠟（2道） | 拋光 |

※ 實際施工請以現場情況為主。

✚ 關鍵施工拆解 ✚

**Step 6
施作天然牆面植物蠟
（2道）**

可直接施作，或用水稀釋植物蠟以獲取理想的顏色後塗抹於牆面上。

圖片提供＿喬和工程

**施工要點**

1. 可以用水稀釋天然牆面植物蠟，以獲得理想的顏色，以水稀釋至多到 30%。如果有必要進行更大的稀釋，可以加入透明無色的天然牆面植物蠟進行。
2. 如果有調整色調、色彩強度與黏稠度，建議在相同表面先試打樣，確認後再開始施作。

**Step 7
拋光**

施作後，依照天氣氣候狀況等待 4 ～ 24 小時完全乾燥後，才能進入拋光工序。利用軟布、毛刷或拋光墊等工具，以塗擦、輕拍、捲繞或堆疊等各式手法將植物蠟拋亮，為表面增加光澤並形成保護層。

圖片提供＿喬和工程

# 光觸媒漆

有效分解空氣中污染物質的健康牆面漆

■室內天花板 ■室內牆壁 □室外屋頂 □室外牆壁
□地坪 ■金屬 ■木材 其他：_____

**施工準則**
施作過程中需確保塗抹均勻、平整，待乾燥卽完成

光觸媒漆是一種環保塗料，所謂的光觸媒，指的是經過光的照射，能促進化學反應的物質。光觸媒漆大多添加二氧化鈦光觸媒製成，在接觸日光或室內光的紫外線後，便會將周圍的氧氣與水分子轉化爲能夠分解有機化合物，如甲醛、細菌的活性氧層，因此光觸媒漆通常具有去除室內異味、空氣品質淨化、抗菌防黴、分解甲醛等特性。施作光觸媒漆時，建議工具使用噴槍或滾輪減少刷痕，若要使用刷子可以選擇豬鬃刷。

圖片提供__喬和工程

光觸媒漆具有分解空氣中的污染物、甲醛、異味，達到淨化空氣的效果。

60

## 施工順序 Step

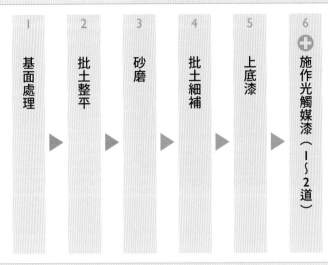

| 1 | 2 | 3 | 4 | 5 | ➕ 6 |
|---|---|---|---|---|---|
| 基面處理 | 批土整平 | 砂磨 | 批土細補 | 上底漆 | 施作光觸媒漆（1～2道） |

※ 實際施工請以現場情況、各品牌產品說明爲主。

### ➕ 關鍵施工拆解 ➕

**Step 6
施作光觸媒漆
（1～2道）**

光觸媒漆一般不須加水即可施作，若要加水請依照建議比例，過多稀釋可能導致成膜不成功。無論是否稀釋，施作前都要將漆料完全攪拌均勻。以刷塗施作時，建議選擇豬鬃刷以減少刷痕。如果要施作第二道，要等待上一道完全乾燥後才進行。

**施工要點**

1. 刷塗作業完成後，應於室溫下靜置 7 天以獲得較佳的漆膜效果。
2. 德國 AURO 的光觸媒漆施作完畢，建議乾燥後 5 日內噴水養灰，使石灰品質更加堅固。

# 石灰漆

## 防水具良好透氣性，打造健康室內與戶外環境

■室內天花板 ■室內牆壁 ■室外屋頂 ■室外牆壁
☐地坪 ■金屬 ■木材 其他：＿＿＿＿

### 30 秒認識工法

| 所需工具 | 刷子 |
|---|---|
| 施作天數 | 1〜2 天 |
| 適用底材 | 矽酸鈣板、水泥板、木夾板、塑合板 / 密集板、舊有漆面、水泥粉光等各式底材皆適用。 |

### 施工準則
施作前要完全攪拌均勻，施作中要保持環境良好通風

石灰使用在建築上已有千年歷史，舉凡歐洲早期的濕壁畫藝術，中國的紅牆以及徽派建築，皆是運用石灰作為原料，而且至今都保存得相當完好。石灰漆是以純礦物（石灰）製成，過程中運用石灰再礦化技術，無添加樹脂，無機的本質也讓細菌和藻類無法附著，有抗菌防霉的效果。市面上石灰漆產品共有室內、室外用途兩種，其中石灰漆塗刷後，漆面帶有天然礦物與身俱來的自然顆粒狀；石灰外牆漆則加入了「石墨稀」提升塗料的韌性、延展性，附著力更強，因此可以耐戶外氣候，提供更佳的的保護力。

（左）石灰漆妝點室內牆面，打造健康又安心的空間環境。（右）台灣從南到北許多海岸的燈塔都施作了石灰外牆漆。

圖片提供＿喬和工程

圖片提供＿喬和工程

工 法 一
## 施工順序 Step

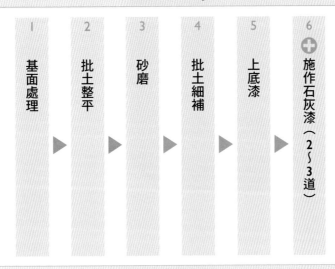

| 1 | 2 | 3 | 4 | 5 | 6 |
|---|---|---|---|---|---|
| 基面處理 | 批土整平 | 砂磨 | 批土細補 | 上底漆 | 施作石灰漆（2～3道） |

※ 實際施工請以現場情況為主。

➕ 關鍵施工拆解 ➕

**Step 6**
**施作石灰漆（2～3道）**

以刷子沾取石灰漆後，一般不需要加水稀釋即可施作，如果想要加水稀釋不能超過規定量，施作塗抹中需確保塗抹均勻、平整。施作完畢建議待完全乾燥後5日內噴水養灰，使石灰品質更加堅固；石灰外牆漆施作時，則建議加入10%水稀釋並均勻薄塗，反覆刷塗3道，以延長塗層耐久。

**施工要點**

1. 由於石灰礦物的特性，施作時以不規則方向，均勻塗刷於牆面，以便得到更自然的暈染效果、無明顯交接處的牆面。
2. 塗料的色調來自於礦物原料，建議施工前均勻攪拌，以降低塗佈後產生分色或些微不均現象。
3. 施作乾燥期間，必須具備充分的適溫通風，乾燥時間會依氣候不同而改變。
4. 為了完全達到硬化，避免過早乾燥。施作過程以及乾燥時間，避免直接曝曬於陽光、強風、豪雨與髒污下。若使用在戶外，請覆蓋住避免日曬雨淋至少5天。

# 外牆漆

不需要敲除舊磁磚也能爲外牆重新妝點

☐室內天花板 ☐室內牆壁 ☐室外屋頂 ☑室外牆壁
☐地坪 ☐金屬 ☐木材 其他：＿＿＿＿

**30 秒認識工法**

| 所需工具 | 刷具、漆盤、漆桶、砂紙、刮刀等清潔工具、高壓清洗機（視需求）
| 施作天數 | 1 ～ 3 天
| 適用底材 | 水泥、磁磚、抿石子等室外表面

**施工準則**
來回刷、左右刷、上下刷減少面漆刷痕

在老屋外牆拉皮中，塗料是最爲常見的工法之一，有著材質輕，減少建築物自重負荷、不需要事先進行敲除工程、施工時間短、後續養護便利等優點。不過要注意，室內常見的乳膠漆、水泥漆都不適合在室外施作，需要使用外牆專用塗料。市面上外牆漆產品有的強調防水，有的以抗紫外線不褪色爲主要訴求，有些則主打彈性、不易產生地震裂紋……各有特點，也有油性、水性的區別，不過大多都具備高耐候性、防霉特性，可依照需求進行挑選。外牆塗裝尤其 2 層樓以上，因爲需要搭配鷹架等方式才能施工，因此不建議一般民眾自行 DIY，請交由專業工班進行。如果擔心日後養護還需要蓋鷹架不太方便，可以挑選壽命比較長久或等級較高的產品。

圖片提供＿鯤承油漆工程

利用外牆漆爲老屋外觀重新整新。

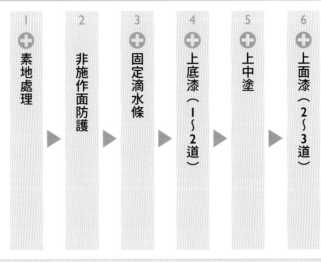

**工 法 一**
**施工順序 Step**

1 素地處理 ▶ 2 非施作面防護 ▶ 3 固定滴水條 ▶ 4 上底漆（1～2道） ▶ 5 上中塗 ▶ 6 上面漆（2～3道）

※「固定滴水條」、「上中塗」工序是否施作以及塗刷次數依施工實際情況而定。

➕ 關鍵施工拆解 ➕

**Step 1**
**素地處理**

檢查原始外牆狀況，如果是有舊漆膜的情況，通常不需要完全去除，只需要將有剝落、翹起現象的舊漆膜或其他異物除掉，不過要注意新舊漆膜相容性的問題，必要的話還是建議刮除舊塗料或特別上一層接著底漆（或稱介面漆），才能避免後續有起皺等問題發生；磁磚外牆的部分，要先確認磁磚膨共的比例不得高於 15 ～ 20%，膨共問題不嚴重的話，將破損的磁磚剔除即可，若高於 20% 還是建議將全部舊磁磚敲除。由於磁磚表面有施釉不利於附著，因此要施作一層介面漆，再以 1：3 水泥砂漿粉光整平，免得面漆附著不良。外牆如果有龜裂狀況，可以用外牆專用的彈性批土整平。另外也可以用高壓水刀清洗外牆灰塵、髒污、舊漆膜等。

**施工要點**

1. 如果用水清洗的話，一定要等待完全乾燥後才可以繼續施工，因爲如果有殘存水氣容易導致漆膜冒泡。
2. 二層樓高的外牆要搭配鋁梯、鷹架、吊車甚至蜘蛛人吊繩施作，請遵從相關安全規範。
3. 新水泥牆須養生 2 ～ 3 周，待完全乾燥，含水率在 12%以下才能開始施工。

**Step 3**
**固定滴水條**

滴水條能協助排水，減少牆面雨漬污染導致水痕影響美觀。可在素地清潔完後，用釘槍將滴水條固定在女兒牆外側、窗戶下緣等位置。滴水條表面也要塗裝介面漆，增加附著性，並以矽力康填補接縫。

**Step 4**
**上底漆（上 1 ～ 2 道）**

塗刷 1 ～ 2 道底漆，通常是滲透型的防水塗料，能強化防水效果，增加接著力。

**施工要點**

1. 請於晴朗、濕度低的天候施工，以確保施工品質。
2. 嚴重粉化的牆面建議將底漆加以稀釋或增加塗刷次數的方式，增加滲透性及附著性。稀釋比例請參考產品說明。

**Step 5**
**上中塗**

待底漆乾燥後便可以施作中塗，通常是彈性水泥類的塗料，更進一步強化防水能力。

**驗收要點**

注意底漆、中塗、面漆，都要使用同一廠牌的相容性可保障產品的性能發輝最佳功效。

**Step 6**
**上面漆（2～3道）**

將面漆依照規定比例稀釋，充分攪拌均勻再塗刷在牆面上，待完全乾燥後再施作下一道直到完成。作爲最終呈現的結果，進行面漆刷塗時要盡可能避免刷痕，以來回刷、左右刷與上下刷的多次刷動工法減少刷痕。

圖片提供　鯤承油漆工程

# 石材金油

## 爲石材外牆提供防護或增加光澤

☐室內天花板 ☐室內牆壁 ☐室外屋頂 ■室外牆壁
☐地坪 ☐金屬 ☐木材 ■其他：石材、洗石子

**30 秒認識工法**

| 所需工具 | 刷具、漆盤、鋼刷 |
| 施作天數 | 1 天 |
| 適用底材 | 戶外抿石子、洗石子、磁磚、二丁掛、玻璃、石材、斬石、瓦片、文化石、磚頭、天然石片等 |

**施工準則**
選擇符合需求的產品，刷塗 2 ～ 3 道即完成

在台灣，抿石子、洗石子、磁磚、二丁掛等都是常見的建築外牆建材，由於氣候潮濕、高溫多雨的緣故，這些石材磁磚面完成後建議要經過塗裝，在表面加上一層保護，才能避免水痕、髒污或是吐鹼的問題，提升使用年限。適合用在抿石子等表面的塗料俗稱爲「金油」，是透明無色的保護漆，耐候性高，進而減少維護頻率。市面上金油產品多元，大致上可分爲「水性」、「油性」以及「無膜滲透型」三大類，水性與油性金油施作後，表面會形成保護塗膜；而無膜滲透型塗料顧名思義會直接滲透進施工面毛細孔內，形成防潑水的表面，達到抗水效果。由於金油有有膜、無膜，或是有光、無光的選項，加上部分產品比較不適合在平面施作，務必確認清楚才開始施工。

圖片提供＿油漆小哥

金油會在抿石子表面形成保護層。

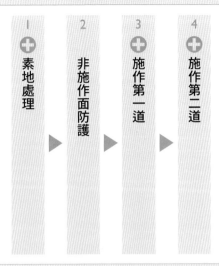

工 法 一
**施工順序 Step**

1 素地處理 ▶ 2 非施作面防護 ▶ 3 施作第一道 ▶ 4 施作第二道

※ 塗刷次數依施工實際情況而定。

 **關鍵施工拆解**

**Step I
素地處理**

將被塗物表面灰塵清理乾淨，如果有重度髒污如油跡、青苔可用微量清潔劑清洗乾淨並等待完全乾燥。若是磁磚等外牆，也可以用高壓清洗機作表面清潔。

**施工要點**

1. 被塗物如果含水率過高會影響效果，應盡可能乾燥時再施工。下雨天或大氣相對濕度達 85RH 以上時，應避免施工。
2. 新作牆面因含有大量水份與游離鹼物質，必須待養生期完成並完全乾燥後才可以施工。水泥約需 2 ～ 3 周，磁磚、抿石子類則約 7 天。
3. 原則上施工後 2 小時內不能遇雨或沖水。

**Step 3**
**施作第一道**

將金油依照比例稀釋，充分攪拌後，均勻地刷塗第一道。施作時採「薄塗多道」施工，切勿厚塗，避免水分無法完全乾燥而產生泛白、白霧感，影響美觀。

圖片提供__油漆小哥

**施工要點**

1. 不同廠牌的金油產品稀釋比例不一，通常第一道都建議增加調薄劑或水加以稀釋，以增加其滲透力。油性漆體比較濃稠，添加調薄劑稀釋後，比較好操作。
2. 部分金油產品比較不適合施作在平面上，例如虹牌水性透明石頭金油施作在平面容易積料，進而產生白霧感。
3. 施作牆壁等立面時，靠近地面的灰塵也要清除乾淨。

**Step 4**
**施作第二道**

等待表面堅結完全乾燥後，才能施作下一道。不過，無膜滲透型金油建議在第一道完成後 30 分鐘內直接施作下一道，因為滲透型塗料一旦完全乾燥固化，防潑水表面便形成，就算施作第二道也沒辦法再滲透進毛細孔內。

# 調合漆

### 操作簡單，爲木材鐵件上防護

☐室內天花板 ☐室內牆壁 ☐室外屋頂 ☐室外牆壁
☐地坪 ■金屬 ■木材 其他：_____

**30 秒認識工法**
| 所需工具 | 刷具、鋼刷、電動鐵刷、砂紙
| 施作天數 | 1 天
| 適用底材 | 鐵器、木材

**施工準則**
將基材妥善前置處理後，依照規範刷塗 1 ～ 2 道

調合漆又寫作調和漆，是適用於室內外木材、金屬材質塗裝的塗料，像是欄杆、門窗、木桌椅、鐵件等都可以使用調合漆作爲表面保護，不過要注意調合漆都是有色的，塗刷在木材上會完全蓋掉木紋，如果想保留木紋就不適合使用。調和漆產品有油性、水性兩種，其中油性調合漆的調薄劑一般原廠都建議使用松香水，雖然實務上也有人會使用甲苯，但其實不建議，因爲甲苯的揮發速度比較快，可能導致漆膜乾燥速度趕不上甲苯的揮發速度，而發生起皺現象。

圖片提供__鯤承油漆工程

鐵欄杆藉由調合漆煥然一新。

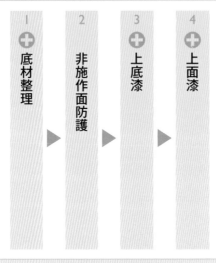

**工 法 一**
**施工順序 Step**

| 1 | 2 | 3 | 4 |
|---|---|---|---|
| 底材整理 | 非施作面防護 | 上底漆 | 上面漆 |

※ 塗刷次數依施工實際情況而定。

**➕ 關鍵施工拆解 ➕**

**Step 1**
**底材整理**

木材表面輕輕砂磨去除髒污、刮平表面,並清潔塵埃,如果有裂縫破損也要修補。金屬表面則要徹底清潔,無黑皮、鏽垢、塵屑、油脂和其他化學污物。如果有生鏽情況,可以用鋼刷、漆刀、電動鐵刷或者任何可以把鏽除掉的吃鏽漆把鏽除掉。基材表面的舊漆膜若有鬆脫也要先刮除。

**Step 3**
**上底漆**

木材或新的、乾淨的鐵件可以直接塗刷調合漆,不過如果是除過鏽的鋼鐵金屬建議塗佈一層防鏽底漆;木材也可以依需求上油性底漆打底,填補木材間隙與毛孔,面漆會更好上色,但要注意油性水性相容性問題。

**Step 4
上面漆**

待底漆乾燥後，將調合漆充分攪拌均勻後進行刷塗。一般會上 1～2 道，待表面完全乾燥後才施作下一道。要注意的是，絕大多數調合漆主成分都是醇酸樹脂，無論水性或油性都屬於慢乾產品，性質穩定的時間比其他塗料更長，若性質未穩定就塗刷下一道可能導致第二道塗刷中的溶劑將第一道漆膜部分溶解，形成起皺現象。因此要小心塗裝間隔，油性調合漆建議間隔至少 10 小時、水性則至少 24 小時。

圖片提供＿鯤承油漆工程

圖片提供＿鯤承油漆工程

**施工要點**

調合漆如果太稠，可斟酌加入調薄劑稀釋。

# 浪板漆

修復翻新老舊鐵皮，增加使用年限

☐室內天花板 ☐室內牆壁 ☐室外屋頂 ☐室外牆壁
☐地坪 ■金屬 ☐木材 其他：_____

**30 秒認識工法**

| 所需工具 | 刷具、漆桶、漆盤、鋼刷、電動鐵刷
| 施作天數 | 1 天
| 適用底材 | 彩鋼板、浪板鐵皮等金屬材質

**施工準則**
徹底除鏽後再上 1 ～ 2 道，發揮最佳防護效果

頂樓加蓋、工廠、臨時建築中，常見浪板鐵皮這種板材的運用，其常見材質有鍍鋅板、鋁鋅板、鋁鎂鋅板、不鏽鋼等，價格、防鏽能力與使用年限都有所不同。而浪板漆是專爲了浪板鐵皮研發的塗料，由高耐候型樹脂與高耐候型顏料所組成，具有非常好的耐候性，能爲浪板修復、翻新，延長使用期限。雖然浪板漆本身就具有防鏽功能，但如果施作物表面已經生鏽的話，一定要先徹底除鏽才能施作，否則就算塗裝完成，沒清乾淨的鏽還是會蔓延擴散。除鏽後再上一層防鏽底漆（請依照產品建議挑選正確底漆），達到穩固美觀的效果。

圖片提供＿油漆小哥

鐵捲門也可以施作浪板漆。

## 工 法 一
## 施工順序 Step

1 底材處理

2 上底漆

3 ✚ 上面漆

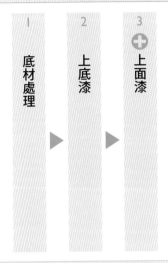

※ 塗刷次數依施工實際情況而定。

---

### ✚ 關鍵施工拆解 ✚

**Step 3**
**上面漆**

將浪板漆以適量調薄劑加以稀釋後,以薄塗方式刷塗 2 道,注意若厚塗的話可能導致表乾但內層不乾的情況,進而影響附著力,或產生起泡、起皺現象。每一道都要等待完全乾燥後才進行下一道。

圖片提供＿油漆小哥

### 施工要點

1. 施作前記得充分保護周圍非施作面。
2. 如果底材很光滑,可以先稍作打磨增強附著力。
3. 施工後注意避免疊放、重壓板材,以防回黏情況。

# 木器自然塗裝

一罐塗料即可完成著色、底漆、面漆施作

□室內天花板 □室內牆壁 □丅室外屋頂 □室外牆壁 □地坪 □金屬 ■木材 其他：＿＿＿＿＿

**施工準則**
塗刷後等待乾燥再以棉布抹去餘油，反覆進行 2 ～ 3 次達到完整效果

木器自然塗裝主要是用天然木蠟油、木油、蜂蠟油等產品進行施作，這些塗料的成分多爲亞麻仁油、蓖麻油、葵花籽油、蜂蠟、棕櫚蠟等多種植物油與動植物蠟組成配方，並可依照不同用途選擇添加環保溶劑等等。早在現代塗料出現以前，人們便會使用植物性油脂塗裝在木材上達到保護效果，隨著各大品牌不斷開發，便出現了結合油、蠟特點的木蠟油產品，能滲透木材內部，並保有透氣性。其塗裝方式也稱「推油」，僅需將油抹於木材表面，讓塗料靜置數分鐘滲入毛管後，再用棉布去除表面餘油即可。此外，大部分自然塗裝只需要單一產品就可以完成塗裝，無需底漆打底，且也有全蓋色（完全遮蓋木紋）與半透明產品（會顯現木紋）供選擇。

木蠟油屬於滲透型塗料，能深入木材內部，形成保護層同時讓木紋更加顯現出來。

圖片提供＿魯班天然木蠟油

圖片提供＿魯班天然木蠟油

## 工 法 一
## 施工順序 Step

| 1 素材整理 | ▶ | 2 塗刷第一道並推油 | ▶ | 3 等待乾燥後進行砂磨 | ▶ | 4 塗刷第二道並推油 |

※ 視需求調整塗裝次數，重覆步驟 2、3、4 施做即可。

### ➕ 關鍵施工拆解 ➕

**Step 1**
**素材整理**

先將木材表面舊漆膜、髒污完全清除乾淨，以適當砂紙粗磨後，再以 #280 ～ #320 砂紙細磨成平滑表面，再除去木材表面木屑、灰塵及污漬。

**Step 2**
**塗刷第一道並推油**

將木蠟油均勻刷塗於物件上，待 3 ～ 5 分鐘後用棉布依木紋方向依序擦拭。

圖片提供＿魯班天然木蠟油

**Step 3**
**等待乾燥後進行砂磨**

木蠟油塗刷後建議等待半天或一天的時間，待乾燥後，使用 #400 ～ #600 以上砂紙細磨，去除因為濕潤而突起的木材毛細纖維。之後，將表面灰塵、顆粒及木屑清理乾淨，便能接著上下一道木蠟油。

圖片提供＿魯班天然木蠟油

# 戶外護木漆

## 塗刷有色護木漆，防護力較持久

☐室內天花板 ☐室內牆壁 ☐室外屋頂 ☐室外牆壁
☐地坪 ☐金屬 ■木材 其他：＿＿＿＿＿

**施工準則**
刷塗待表乾按壓無指痕後，才可再進行塗佈

能運用在室外的木器漆，一般稱為「戶外護木漆」，因為具有良好的防護及保護作用，無論是新製品延長使用壽命或舊品後續維護，均能使木頭不易發霉、腐蝕或者因為高溫乾燥環境而產生龜裂、翹曲、脫落或褪色等情形，能增加使用年限，幾乎任何戶外木製產品都能適用。戶外護木漆大多為底面合一型，不過要注意純透明色護木漆其實比較適用於保養、調色或作為最上層塗裝使用，其持久力、耐候效果遠遠不如有色型保護漆，建議施作時盡可能以有色漆或油為主。另外，若要施作在戶外務必選擇有註明適用戶外的護木漆，護木漆施工以刷塗效果最佳。

提供＿德寶塗料

戶外護木漆能為室外木作提供防護，不易產生龜裂等老化現象。

079

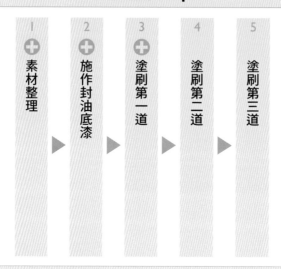

※ 高油脂的木材建議先進行「施作封油底漆」處理；塗裝次數則視需求調整。

## ✚ 關鍵施工拆解 ✚

**Step 1**
**素材整理**

將木材表面以適當砂紙粗磨後，再以 #180 ～ #240 砂紙細磨成平滑表面，並除去木材表面木屑、灰塵及污漬等附著物。

**施工要點**

進行戶外護木漆保養時，如果之前是使用油性材料，保養時便要用油性的；若是水性護木漆當然也要用水性的作養護。因此若木材上有不明舊塗膜，請去除清潔乾淨後再施工。

**Step 2**
**施作封油底漆**

若特殊樹種，像是含高油溶性油脂的鐵木類，含高量水溶性單寧酸的熱帶硬木，太平洋鐵木或橡木等，建議先經過適當風化或先上 1 ～ 2 道封油底漆等除油處理。

**Step 3**
**塗刷第一道**

將塗料充分攪拌，使顏色均勻後，均勻地刷塗於表面，待乾燥確實硬化後再塗裝下一道。驗收時發現塗膜有反白、起泡、起皺現象，原因是塗裝時間間隔過短，在塗膜未乾燥硬化時就塗裝下一道，因此要小心注意。一般建議新木材、戶外木地板與透明色需要塗刷 3 道以上。

圖片提供__魯班天然木器油

**施工要點**

1. 不同廠牌產品的塗裝間隔時間不同，短至 30 分鐘、長至 12 小時，請參考說明使用。
2. 若發現塗刷的刷痕過於明顯，可以添加 5 ～ 10% 的水（水性）或松香水（油性）稀釋漆料，塗層間以合適的砂紙先進行輕磨，並順木紋方向刷塗，有利於木材吸收塗料並減少刷痕。
3. 施作木地板時，若同一塊木板塗裝一半，乾燥後再塗刷另一半，會在交接處產生接痕，因此最好能一次塗裝整片木板。
4. 戶外地板、木棧道不宜厚塗。

# 乳膠漆 + 水泥漆

## 大面積一次完成，省時省力

■室內天花板 ■室內牆壁 □室外屋頂 □室外牆壁
□地坪 □金屬 ■木材 其他：＿＿＿＿

**30 秒認識工法**

| 所需工具 | 油漆桶、水桶、滾筒刷、漆盤、攪拌棒、刮刀、砂紙、砂紙機、海綿、養生膠帶、口罩、手套 |
| 施作天數 | 7 ～ 12 天 |
| 適用底材 | 矽酸鈣板、木夾板、水泥牆面 |

**施工準則**
適當刮除多餘塗料，並採用 W 型塗法來回塗刷，避免造成飛濺滴落

乳膠漆、水泥漆的塗佈，比起用刷子，滾筒塗刷的方式一次能施做的範圍更大，施作速度還能快上 5 倍。操作難度也低，無須像油漆刷需控制力道，對於想要自行 DIY 的新手也能快速學會，省時也省力。滾塗雖快，但缺點在於邊角的細微處不容易刷到，或是很容易就刷得太多，建議牆角、門邊處需搭配油漆刷輔助。在使用上，基於滾筒毛刷的纖維有空隙，在滾塗中無法完全與牆面密合，容易造成氣泡或明顯毛紋，再加上乳膠漆的漆膜相對較薄，塗刷面反而更容易呈現凹凸的粗糙手感，適合偏好自然手感風格的人。DIY 的人若想加快施工速度，不妨在天花使用滾塗，牆面使用刷塗，即便天花有些許粗糙也不容易察覺。

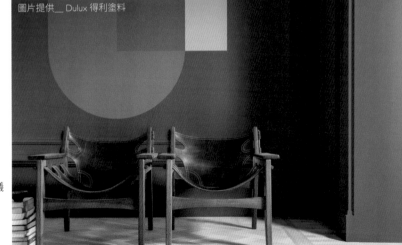

圖片提供＿＿ Dulux 得利塗料

滾塗乳膠漆或水泥漆時，建議搭配刷具刷塗邊角地帶。

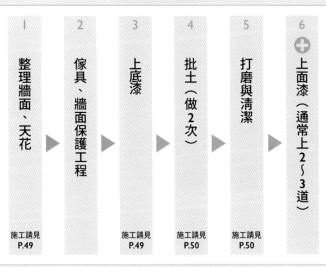

工 法 一
施工順序 Step

| 1 | 2 | 3 | 4 | 5 | 6 |
|---|---|---|---|---|---|
| 整理牆面、天花 | 傢具、牆面保護工程 | 上底漆 | 批土（做 2 次） | 打磨與清潔 | ⊕ 上面漆（通常上 2～3 道） |
| 施工請見 P.49 | | 施工請見 P.49 | 施工請見 P.50 | 施工請見 P.50 | |

※ 實際施工請以現場情況爲主

---

⊕ 關鍵施工拆解 ⊕

**Step 6**
**上面漆**
**（通常上 2～3 道）**

滾塗過程中，塗料容易因爲離心力關係四處噴濺，因此滾筒在沾附塗料後，須先在漆盤來回滾上幾次刮除多餘塗料，以拿起滾筒後不滴漆爲原則。由於滾筒在邊角處無法順暢推勻，通常會從牆面、天花的中央，由內而外往兩側開始，以 W 型刷法上下來回滾塗。而W型刷法能讓刷痕軌跡呈現一致的方向，每一道都能有均勻厚度的漆膜。建議要開始下一道滾塗時，需與上一道重疊 1／3 的面積，藉此掩蓋滾塗交接處的痕跡，整體刷痕更均勻。

**施工要點**

1. 滾筒刷毛有長短之分，越短的毛，刷起來的漆面越細緻。想要呈現明顯的粗糙手感紋理，則建議選用長毛款的滾筒。
2. 爲了避免漆膜厚度不均勻或產生飛濺的情況，滾塗的速度要放慢，並保持穩定的均速。
3. 天花、牆面或門窗角落的細微處，建議用小尺寸的平口刷或馬蹄刷進行塗刷收邊。

# 礦物塗料

## 礦物石粉塗布牆面，吸濕耐久

☐室內天花板 ■室內牆壁 ☐室外屋頂 ☐室外牆壁
☐地坪 ☐金屬 ☐木材 其他：_____

**施工準則**
確保底材平整，「Y字型」斜向使用滾輪是關鍵

礦物塗料係以天然礦物石粉為基底，將無機色料與矽酸鉀溶液調和成塗料，透過「矽化反應」使礦物基質材進行化學反應，達到固色效果。不同於乳膠漆塗佈於底材表面，礦物塗料具有滲透的特性，塗佈後塗料會滲入基材表面的孔隙中，緊密地與牆面結合。德國凱恩礦物塗料行銷部經理卓士堯指出，施作時必須先將塗料攪拌均勻，切不可加水稀釋塗料濃度，以免影響施作效果，工具建議使用滾筒，以「Y字型」斜向交錯的方式漆塗，才能均勻地將塗料帶開，平均地塗佈於牆面之上。在不加水稀釋的情況下，上完底塗與面塗，即可完成過色。礦物塗料使用滾筒能創造出如「蛋殼紋」般的紋理，為牆面帶來不同的肌理與表情。

圖片提供__原建筑空間

礦物塗料無甲醛、無味，是無毒建材的選擇之一。

圖片提供＿本寓制作・室內設計

礦物塗料為牆面提供不同的肌理質感，
讓居家空間的牆面也能富有表情。

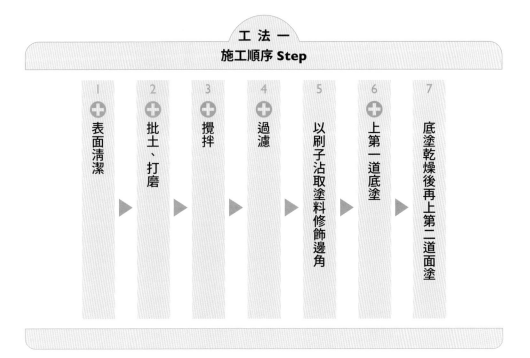

工 法 一
施工順序 Step

| | | | | | | |
|---|---|---|---|---|---|---|
| 1 | 2 | 3 | 4 | 5 | 6 | 7 |
| ✚ | ✚ | ✚ | ✚ | | ✚ | |
| 表面清潔 | 批土、打磨 | 攪拌 | 過濾 | 以刷子沾取塗料修飾邊角 | 上第一道底塗 | 底塗乾燥後再上第二道面塗 |

✚ 關鍵施工拆解 ✚

**Step 1**
**表面清潔**

不論是水泥牆或是矽酸鈣板等基材，施作礦物塗料時對於底材的需求：堅實、乾燥、具吸水性、潔淨無灰塵及油脂殘留。施作必須確實清潔表面，去除髒污，以免影響塗佈效果。

**Step 2**
**批土、打磨**

若底材不平整時，直接塗佈礦物塗料，在側光下視覺效果將顯得牆面凹凸不平，透過批土、打磨的方式將牆面整平，才能確保施作時滾輪可均勻地將塗料披覆於牆面之上，使施作效果接近理想狀態。

**Step 3**
**攪拌**

塗料可能因為存放而沉澱，開啟後必須均勻地攪拌塗料，使桶中的礦物基質與溶液充分混合均勻，以免因為濃度差異影響施作的難易度與完工後的效果。攪拌時不可加水，以免破壞比例。

圖片提供＿KEIM 德國凱恩礦物塗料

**施工要點**

遵照使用說明，不可加水稀釋礦物塗料，以免影響化學作用（矽化作用），導致固色效果變差。

**Step 4**
**過濾**

由於天然礦物色粉容易沈澱結塊，除了充分攪拌之外，施作前建議先利用篩網進行過濾，選擇 30mesh 之濾網可汰除塗料中的顆粒，杜絕塗佈時將礦物色粉碎粒帶到牆上的機會，使成品更加美觀。

圖片提供＿KEIM 德國凱恩礦物塗料

**Step 6
底塗**

礦物塗料相較於乳膠漆的質地更加濃稠，因此施作時需要迅速地將塗料均勻帶開，以「Ｙ字型」斜向交錯的滾塗方式施作，避免塗料在同一區塊重複疊擦，導致乾濕邊接縫過於明顯。

圖片提供＿＿ KEIM 德國凱恩礦物塗料　　圖片提供＿＿ KEIM 德國凱恩礦物塗料

**施工要點**

1. 使用滾輪時，以「Ｙ字型」斜向交錯的滾塗方式施作，避免搭接痕跡過於明顯，影響成品質感。
2. 確保底材平整度，可讓施作過程更加順利，在側光下的視覺效果才會更加完美。

**驗收要點**

1. 若用手觸摸，有明顯的粉感沾在手上，可能是塗料在使用時有加水稀釋。
2. 牆面必須完全布滿塗料、充分過色，不可露出底材原本的顏色。
3. 在底材平整的前提下，塗料應均勻地塗佈於牆面之上，若搭接痕過於明顯，則可能是同一區域發生重複疊擦的情形。

# 磁性漆

## 實現可寫字、可用磁鐵的多工牆面

☐室內天花板 ■室內牆壁 ☐室外屋頂 ☐室外牆壁
☐地坪 ☐金屬 ■木材 其他：_____

**30 秒認識工法**

| 所需工具 | 泡棉滾筒、攪拌棒、漆盤、抹布、塑膠袋、遮蔽膠帶 |
| 施作天數 | 1 天 |
| 適用底材 | 矽酸鈣板、水泥板、木夾板、塑合板／密集板、舊有漆面、水泥等各式底材皆適用 |

**施工準則**
勿在同一區域重覆滾塗多次，避免厚度不一

目前市售磁性漆皆為水性，成分多採樹脂搭配鐵粉製作而成，適用於室內各種材質的基層表面，例如水泥牆壁、木板、矽酸鈣板，甚至只要多加一層光滑面底漆，包括玻璃、磁磚也都能使用磁性漆達到吸附磁鐵的功能。另外，通常磁性漆較不會單獨使用，常見與黑板漆、乳膠漆搭配運用，如果加上黑板漆，牆面又可以書寫、塗鴉，提供家人互動或是小朋友隨性繪畫的趣味角落，而若搭配乳膠漆，則能讓鐵灰色的磁性漆創造各種色彩變化。施工相當簡單，打開攪拌均勻即可刷飾，新牆面需要比舊牆面多一道批土程序，接著只要以滾輪或刷具就能施作。

圖片提供＿＿虹牌油漆

磁性漆的適用範圍相當廣泛，幾乎所有基底的牆面都能使用。

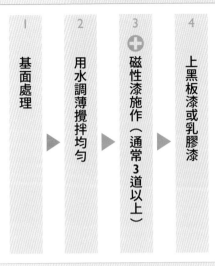

## 工 法 一
### 施工順序 Step

1 基面處理 ▶ 2 用水調薄攪拌均勻 ▶ 3 ➕ 磁性漆施作（通常 3 道以上） ▶ 4 上黑板漆或乳膠漆

※ 塗刷次數依施工實際情況而定。

➕ 關鍵施工拆解 ➕

**Step 3
磁性漆施作
（通常 3 道以上）**

打底後直接上第一道磁性漆，牆面邊以刷子先刷過修邊。使用滾輪滾塗牆面，滾輪勿在同一區域重覆滾塗多次，避免厚度不一，首次可先以 V 字型滾過，使塗料平均分布於各區域。第一道施作完畢後，等待 4 ～ 6 小時以上再上第二道。

**施工要點**

1. 可採重複性塗刷以達所需厚度（4 道，乾膜 400um 以上效果較佳）。
2. 如果後續要上其他塗料，至少要等 24 小時後再上塗，並以補土薄批整平。

**驗收要點**

磁性漆施作完成之後，建議每一個地方都要使用強力磁鐵進行測試，如果覺得吸力不夠再增加第三道塗刷。

# 植物漆

**30 秒認識工法**

| 所需工具 | 滾輪 |
| 施作天數 | 1 天 |
| 適用底材 | 矽酸鈣板、水泥矽酸鈣板、水泥板、木夾板、塑合板 / 密集板、舊有漆面、水泥粉光等各式底材皆適用。 |

## 不含石化成分，覆蓋力好且耐刷洗

■室內天花板 ■室內牆壁 ■室外屋頂 □室外牆壁
□地坪 ■金屬 ■木材 其他：＿＿＿＿＿

**施工準則**
施作時必須避開雨季或是潮濕氣候，在乾燥通風環境下進行為佳

環保意識的抬頭，人們對生活品質與環境保護更加注重，愈來愈多天然塗料逐漸取代傳統的石化合成漆，其中包括植物漆。天然植物漆的成分皆取材於自然界中的天然物質，不含任何危害人體的物質，像是採用小麥和玉米梗製成純天然生態樹脂，成分和產品循環週期都能達到零污染的生產效果，甚至能完全堆肥，呈現友善環境的特性。植物漆具備質地細膩、無毒無臭、施工容易，並且可完美應用於牆面上的優點，其施作跟一般塗料一樣可選擇噴塗、滾塗跟刷塗，依照細緻程度的排序為噴塗＞滾塗＞刷塗，如果想要自行 DIY 施作建議使用滾塗，會比刷子來得快速、紋路漂亮，滾塗的時候可隨意來回滾動，反而才不會有斷開痕跡。

圖片提供__喬和工程

由於植物漆的顏色萃取自天然礦植物，若選用較深的顏色，加上牆壁吸收率不同的關係，壁漆成膜後會有濃淡層次變化的感覺。

## 工 法 一
## 施工順序 Step

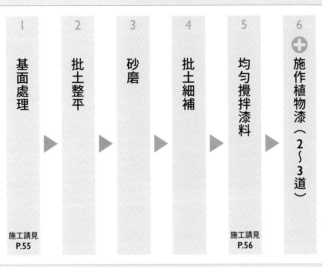

| 1 | 2 | 3 | 4 | 5 | 6 ✚ |
|---|---|---|---|---|---|
| 基面處理 | 批土整平 | 砂磨 | 批土細補 | 均勻攪拌漆料 | 施作植物漆（2〜3道） |
| 施工請見 P.55 | | | | 施工請見 P.56 | |

※ 實際施工請以現場情況爲主。

---

✚ 關鍵施工拆解 ✚

**Step 6**
**施作植物漆（2〜3道）**

以滾輪均勻地塗佈第一道，塗刷間隔建議 4〜6 小時再施作第二道，第二道施作時不加水。

圖片提供＿喬和工程

**施工要點**

單一塗層施工後，請勿重複塗刷，經乾燥後可再次塗刷，避免使用過量影響表面效果。

# 天然牆面植物蠟

為牆壁上妝，也提供多一層保護

■室內天花板 ■室內牆壁 □室外屋頂 □室外牆壁
□地坪 ■金屬 ■木材 其他：_____

**施工準則**
不同工具塗擦、輕拍、捲繞或堆疊施作，會產生不同的表面效果

藝術塗料的效果近年來蔚為流行，不過天然牆面植物蠟同樣也能打造出個性化的牆面。天然牆面植物蠟的產品，通常用於牆面完成打底或重新塗刷後，再於表面塗佈施作，不僅可作為保護層，也能搭配不同工具、色彩呈現豐富多樣的完成面。不過要注意，天然牆面植物蠟建議只能施作在相同系列的全白底層上，以德國 AURO 的天然牆面植物蠟為例，適用的底層也需要是同品牌的其他塗料塗佈完成面才行。

圖片提供＿喬和工程

天然牆面植物蠟施作於客廳牆面，提供牆面多一層的保護。

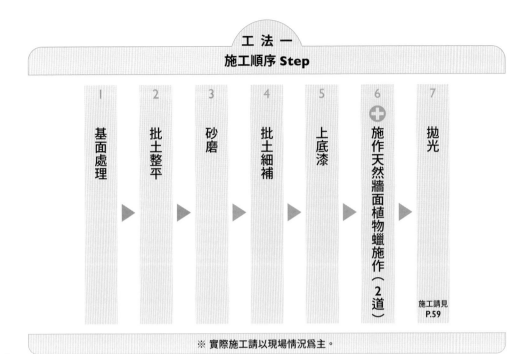

**工法一**
**施工順序 Step**

| 1 | 2 | 3 | 4 | 5 | 6 | 7 |
|---|---|---|---|---|---|---|
| 基面處理 | 批土整平 | 砂磨 | 批土細補 | 上底漆 | ➕ 施作天然牆面植物蠟施作（2道） | 拋光 |
| | | | | | 施工請見 P.59 | |

※ 實際施工請以現場情況爲主。

---

➕ **關鍵施工拆解** ➕

**Step 6**
**施作天然牆面植物蠟**
**施作（2道）**

可直接施作，或用水稀釋植物蠟以獲取理想的顏色後塗抹於牆面上。

---

**施工要點**

1. 可以用水稀釋天然牆面植物蠟，以獲得理想的顏色，以水稀釋至多到 30%。如果有必要進行更大的稀釋，可以加入透明無色的天然牆面植物蠟進行。
2. 如果有調整色調、色彩強度與黏稠度，建議在相同表面先試打樣，確認後再開始施作。

# 光觸媒漆

有效分解空氣中污染物質的健康牆面漆

■室內天花板 ■室內牆壁 □室外屋頂 □室外牆壁
□地坪 ■金屬 ■木材 其他：＿＿＿＿

**30 秒認識工法**

| 所需工具 | 滾輪、漆盤 |
| 施作天數 | 2 天 |
| 適用底材 | 矽酸鈣板、水泥矽酸鈣板、水泥板、木夾板、塑合板 /密集板、舊有漆面、水泥粉光等各式底材皆適用。 |

**施工準則**
施作過程中需確保塗抹均勻、平整，待乾燥即完成

光觸媒漆是一種環保塗料，所謂的光觸媒，指的是經過光的照射，能促進化學反應的物質。光觸媒漆大多添加二氧化鈦光觸媒製成，在接觸日光或室內光的紫外線後，便會將周圍的氧氣與水分子轉化為能夠分解有機化合物，如甲醛、細菌的活性氧層，因此光觸媒漆通常具有去除室內異味、空氣品質淨化、抗菌防黴、分解甲醛等特性。施作光觸媒漆時，建議工具使用噴槍或滾輪減少刷痕。

圖片提供＿喬和工程

光觸媒漆刷完後的表面會有細微的顆粒狀，兼具裝飾效果。

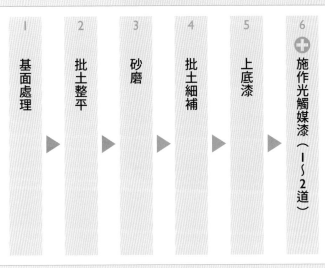

## 工 法 一
## 施工順序 Step

| 1 | 2 | 3 | 4 | 5 | 6 |
|---|---|---|---|---|---|
| 基面處理 | 批土整平 | 砂磨 | 批土細補 | 上底漆 | ✚ 施作光觸媒漆（1～2道） |

※ 實際施工請以現場情況、各品牌產品說明爲主。

---

### ✚ 關鍵施工拆解 ✚

**Step 6
施作光觸媒漆
（1～2道）**

光觸媒漆一般不須加水卽可施作，若要加水請依照建議比例，過多稀釋可能導致成膜不成功。無論是否稀釋，施作前都要將漆料完全攪拌均勻。如果要施作第二道，要等待上一道完全乾燥後才進行。

**施工要點**

1. 刷塗作業完成後，應於室溫下靜置 7 天以獲得較佳的漆膜效果。

2. 以石灰爲基底的光觸媒漆施作完畢後，建議乾燥後 5 日內噴水養灰，使石灰品質更加堅固。

# 石灰漆

## 防水具良好透氣性，打造健康室內與戶外環境

■室內天花板 ■室內牆壁 ■室外屋頂 ■室外牆壁
□地坪 □金屬 □木材 其他：_____

**30 秒認識工法**

| 所需工具 | 滾輪、漆盤 |
| 施作天數 | 1～2 天 |
| 適用底材 | 矽酸鈣板、水泥矽酸鈣板、水泥板、木夾板、塑合板／密集板、舊有漆面、水泥粉光等各式底材皆適用。 |

**施工準則**
施作前要完全攪拌均勻，施作中要保持環境良好通風

石灰使用在建築上已有千年歷史，舉凡歐洲早期的濕壁畫藝術，中國的紅牆以及徽派建築，皆是運用石灰作為原料，而且至今都保存得相當完好。石灰漆是以純礦物（石灰）製成，過程中運用石灰再礦化技術，無添加樹脂，無機的本質也讓細菌和藻類無法附著，有抗菌防霉的效果。市面上石灰漆產品共有室內、室外用途兩種，其中石灰漆塗刷後，漆面帶有天然礦物與身俱來的自然顆粒狀；石灰外牆漆則加入了「石墨稀」提升塗料的韌性、延展性，附著力更強，因此可以耐戶外氣候，提供更佳的的保護力。

圖片提供＿喬和工程

由於石灰本身的特性，調色後的石灰漆將呈現色彩濃淡層次變化的效果。

**工 法 一**
**施工順序 Step**

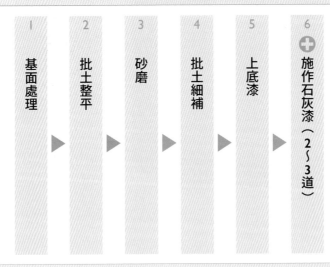

| 1 | 2 | 3 | 4 | 5 | ✚ 6 |
|---|---|---|---|---|---|
| 基面處理 | 批土整平 | 砂磨 | 批土細補 | 上底漆 | 施作石灰漆（2～3道） |

※ 實際施工請以現場情況爲主。

## ✚ 關鍵施工拆解 ✚

**Step 6**
**施作石灰漆**
**（2～3 道）**

以滾輪沾取石灰漆後，一般不需要加水稀釋即可施作，如果想要加水稀釋不能超過規定量，施作塗抹中需確保塗抹均勻、平整。施作完畢建議待完全乾燥後 5 日內噴水養灰，使石灰品質更加堅固；石灰外牆漆施作時，則建議加入 10% 水稀釋並均勻薄塗，反覆刷塗 3 道，以延長塗層耐久。

### 施工要點

1. 由於石灰礦物的特性，施作時以不規則方向，均勻塗刷於牆面，以便得到更自然的暈染效果、無明顯交接處的牆面。
2. 塗料的色調來來自於礦物原料，建議施工前均勻攪拌，以降低塗佈後產生分色或些微不均現象。
3. 施作乾燥期間，必須具備充分的適溫通風，乾燥時間會依氣候不同而改變。
4. 爲了完全達到硬化，避免過早乾燥。施作過程以及乾燥時間，避免直接曝曬於陽光、強風、豪雨與髒污下。若使用在戶外，請覆蓋住避免日曬雨淋至少 5 天。

# 外牆漆

## 滾刷施工操作簡單，爲外牆重新拉皮

☐室內天花板 ☐室內牆壁 ☐室外屋頂 ■室外牆壁
☐地坪 ☐金屬 ☐木材 其他：＿＿＿＿＿

### 30 秒認識工法

| 所需工具 | 滾筒刷、刷具、漆盤、漆桶、砂紙、刮刀等清潔工具、高壓清洗機（視需求） |
| 施作天數 | 1～3 天 |
| 適用底材 | 水泥、磁磚、抿石子等室外表面 |

### 施工準則
一道接著一道地滾，確保每個細節都有覆蓋到

進行外牆塗裝前，要注意室內常見的乳膠漆、水泥漆都不適合在室外施作，需要使用外牆專用塗料。因爲材質輕，減少建築物自重負荷、不需要事先進行敲除工程、施工時間短、後續養護便利等優點，塗料是外牆拉皮常見的工法之一。市面上外牆漆產品多元，除了具備高耐候性、防藻、防霉特性，甚至有些更具有透濕性、複層彈性等特點，可依照需求進行挑選。一般上，外牆塗裝尤其 2 層樓以上，因爲需要搭配鷹架等方式才能施工，因此不建議一般民眾自行 DIY，請交由專業工班進行。以滾刷進行外牆塗裝作業時，還是要搭配刷子使用，爲滾筒難以操作的地方上漆。

圖片提供＿鯤承油漆工程

外牆塗裝讓老舊牆面煥然一新。

## 工 法 一
## 施工順序 Step

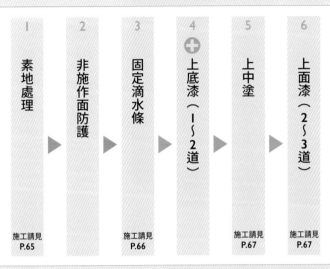

| 1 素地處理 | 2 非施作面防護 | 3 固定滴水條 | 4 ➕ 上底漆（1～2道） | 5 上中塗 | 6 上面漆（2～3道） |
|---|---|---|---|---|---|

施工請見 P.65　　施工請見 P.66　　施工請見 P.67　　施工請見 P.67

※「固定滴水條」、「上中塗」工序是否施作以及塗刷次數依施工實際情況而定。

### ➕ 關鍵施工拆解 ➕

**Step 4**
**上底漆（上 1 ～ 2 道）**

無論底漆、中塗或面漆，都要先用刷子將窗框等小角落刷過，再用滾筒進行大面積的滾刷，且一道接著一道地滾，確保每個細節都有覆蓋到。一般底漆會上 1 ～ 2 道強化防水效果，增加接著力。

圖片提供＿鯤承油漆工程

**施工要點**

1. 請於晴朗、濕度低的天候施工，以確保施工品質。
2. 嚴重粉化的牆面建議將底漆加以稀釋或增加塗刷次數的方式，增加滲透性及附著性。稀釋比例請參考產品說明。
3. 滾輪的伸縮桿如果太長會不太好施力，所以要隨時注意放料有沒有均勻。

99

# 石材金油

## 適當稀釋好施做也不影響效果

□室內天花板 □室內牆壁 □室外屋頂 ■室外牆壁
□地坪 □金屬 ■木材 其他：石材、洗石子

### 施工準則
塗刷邊角，再大面積滾塗 2～3 道即完成

---

台灣常見的抿石子、洗石子、磁磚、二丁掛等建築外牆工法，由於氣候潮濕、高溫多雨的緣故，長期使用容易出現水痕、髒污或是吐鹼的問題，因此需要在表面上一層保護漆來防水、防污，提升使用年限。適合用在這些表面的塗料俗稱為「金油」，大致上可分為「水性」、「油性」以及「無膜滲透型」三大類，水性與油性金油施作後，表面會形成保護塗膜；而無膜滲透型會直接滲透進施工面毛細孔內，形成防潑水的表面。由於金油有有膜、無膜，或是有光、無光的選項，加上部分產品比較不適合在平面施作，務必確認清楚需求，選擇正確的產品才開始施工。以滾輪施作時，建議還是搭配刷具處理邊角，施工更全面。

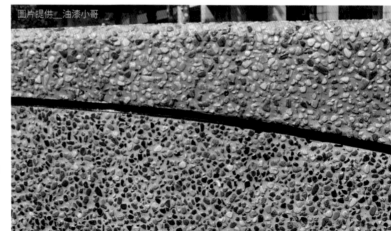

圖片提供__油漆小哥

石材金油漆膜通常透明無色，
底材顏色不會被改變。

## 工 法 一
### 施工順序 Step

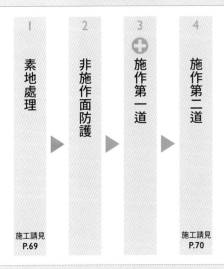

1　素地處理

2　非施作面防護

3 ✚ 施作第一道

施工請見
P.69

4　施作第二道

施工請見
P.70

※ 塗刷次數依施工實際情況而定。

---

✚ 關鍵施工拆解 ✚

**Step 3
施作第一道**

將金油依照比例稀釋,充分攪拌後倒入漆盤就可以開始塗滾刷。表面交際邊界用刷子塗刷,大面積則使用滾筒上漆由上而下,由左至右慢慢均勻地刷過每處,直刷橫刷都要到位才會均勻。90 度轉角處則先以滾筒滾刷,才不會遺漏。施作時採「薄塗多道」施工,切勿厚塗,避免水分無法完全乾燥而產生泛白、白霧感,影響美觀。

圖片提供＿油漆小哥

**施工要點**

1. 不同廠牌的金油產品稀釋比例不一,通常第一道都建議增加調薄劑或水加以稀釋,以增加其滲透力。油性漆體比較濃稠,添加調薄劑稀釋後,比較好操作。
2. 施作牆壁等立面時,靠近地面的灰塵注意也要清除乾淨。

# 屋頂防水漆

耐候耐酸鹼抗拉裂，需定期補塗

□室內天花板 □室內牆壁 ■室外屋頂 ■室外牆壁
□地坪 ■金屬 □木材 ■其他：磁磚

**30 秒認識工法**

| 所需工具 | 地面刨除機、刮刀、掃把、鼓風機、高壓清洗機、滾筒、油漆刷
| 施作天數 | 3 ～ 14 天
| 適用底材 | 水泥、磁磚、金屬波浪板

**施工準則**
每一道塗刷要略爲交疊，並達到均勻的防水厚度。

爲了能抵抗室外環境的曝曬與高溫差，施作於屋頂地面、牆面的防水面漆都需具備耐候耐酸鹼的特性，同時也要有良好的彈性與柔韌性，能抵禦地震帶來的拉扯龜裂，儘可能避免產生裂痕，延長防水效果。由於長期曝曬紫外線會讓漆膜老化，再加上行走摩擦會毀損漆膜，建議 3 至 5 年要檢查地面是否有嚴重粉化，若維護良好，則重新刷面漆養護即可，若是呈現粉化脆裂，則要從底塗開始全面重新施作。一般來說，防水面漆有壓克力樹脂組成的壓克力水性防水漆，以及 PU 聚氨酯樹脂組成的 PU 防水漆。壓克力水性防水漆較爲環保，無明顯異味，但耐用年限較短，平均 3 至 5 年就要重新塗刷一次。而 PU 防水漆的耐候年限較長，約 7 至 9 年，但容易硬化脆裂，需剝除所有 PU 層重新施作。PU 有分成油性與水性，油性 PU 有明顯異味，對環境也容易造成污染，因此則改良出水性 PU。

圖片提供＿油漆小哥

屋頂防水漆施作是必要工程。

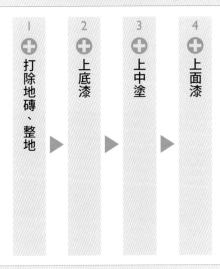

**工 法 一**

## 地磚底材施工順序 Step

1 打除地磚、整地

2 上底漆

3 上中塗

4 上面漆

※ 實際施工請以現場情況為主。

---

⊕ **關鍵施工拆解** ⊕

**Step 1**
**打除地磚、整地**

當屋頂地面原本為磁磚、隔熱磚，若發生裂縫膨共的情況，則代表防水層容易遭到破壞，建議全面打除地磚至結構層。清潔地面砂石、灰塵後，先塗上一道防水底漆形成屏障，隔絕後續施作水泥砂漿所含有的水分。再依比例混合水泥砂漿後抹上地面，往落水頭方向做出洩水坡度，施作完後等待乾燥。

**施工要點**

地面要盡量清潔乾淨，以免灰塵砂石妨礙防水底漆的附著力。

**Step 2**
**上底漆**

防水底漆依照指示進行稀釋，以滾筒沾附後塗刷屋頂地面、牆面，滾筒難以施作的邊角則改用塗刷加強。底漆塗刷一道卽可，等待 2 小時乾燥。上完第一層防水之後，可以在頂樓的四個邊角和落水頭鋪設玻璃纖維網抗裂，有效防止地震拉扯出的裂縫。

圖片提供＿油漆小哥

**施工要點**

若地面、牆面有管線經過，要拉起管線，確保塗刷到地面。若管線、水塔或太陽能板底座緊貼地面，建議可以直接塗上覆蓋，同時沿著底座向上 10 公分塗刷，確保垂直面的防水效果。

**Step 3**
**上中塗**

選擇水性 PU 或彈性水泥作爲中塗層，以滾筒沾附後直接塗抹在地面、牆面，無需一次塗太厚，避免漆膜乾裂。邊角處則用油漆刷補強。第一道中塗層等待 3 小時後乾燥固化，再進行第二道中塗層，乾燥後再施作後續的防水面漆。

圖片提供＿油漆小哥

**驗收要點**

注意是否有透出底層顏色，若有透色，表示漆膜厚度不一，只要補刷透色區域卽可。

**Step 4**
**上面漆**

依照指示進行稀釋防水面漆，以滾筒沾附後進行大範圍塗刷，滾刷時每一道之間要重疊，讓漆膜更均勻不遺漏。邊角處利用油漆刷補強。第一道面漆塗完需等待 3 小時乾燥，再進行第二道面漆。

圖片提供＿油漆小哥

**工 法 二**
**漆膜施工順序 Step**

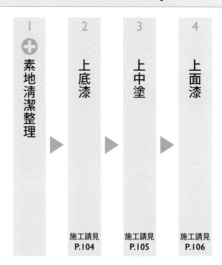

| ➊ 1 | 2 | 3 | 4 |
|---|---|---|---|
| 素地清潔整理 | 上底漆 | 上中塗 | 上面漆 |
| | 施工請見 P.104 | 施工請見 P.105 | 施工請見 P.106 |

※ 實際施工請以現場情況為主。

**Step 1**
**素地清潔整理**

清除屋頂地面、牆面附著的舊漆膜,建議可用地面刨除研磨機或手動刮刀刮除乾淨,若沒清除乾淨,即便塗上新的防水漆也容易剝落。接著混合水泥砂漿修補牆面和地面裂縫,等待乾燥固化後,掃除地面砂石灰塵,避免影響漆膜附著。想要更省事,可以選擇工業用的鼓風機,快速又方便。也可搭配高壓清洗機洗刷地面,一旦經過水洗,則建議要等待 3 至 5 天完全乾燥後,再進行下一步工序。

**施工要點**

若有青苔附著,也要一併拔除,後續施作的漆膜才能完美附著,維持良好的防水效果。

圖片提供＿油漆小哥

圖片提供＿油漆小哥

# 室內防水漆

## 確實塗佈 2 道以上的防水層，徹底杜絕漏水

**30 秒認識工法**

| 所需工具 | 滾輪、刷具 |
| --- | --- |
| 施作天數 | 依空間大小而定，以一間衛浴來說約 1～2 天可完成 |
| 適用底材 | 用水處的水泥地壁 |

☐室內天花板 ☐室內牆壁 ☐室外屋頂 ☐室外牆壁
☐地坪 ☐金屬 ☐木材 ■其他：浴室、廚房、陽台

**施工準則**
地壁角落交接處做好補強，防水塗佈 2～3 道以上，管線銜接處也務必塗上防水漆

住家裝修只要是遇到有水的區域，包括衛浴、廚房、陽台都需要進行防水工程，一般是拆除見底後、待施作完粗胚打底才是塗佈防水層。防水層第一層通常會先上壓克力底漆，藉由滲透水泥毛細孔增加附著力，再上彈性水泥、水性 PU 防水膠、水性彈性乳膠泥等塗料（有些產品稀釋後也能當作底漆使用），採用「薄塗多層」的方式塗刷個 2～3 道以上，才能達到膜厚。此外，也可以塗佈 2 道彈泥後再加一層黑膠，或是在中塗加入不織布、玻璃纖維網等加強。施工時，務必注意淋浴區地壁轉角以及廚房壁面轉角處，再搭配抗裂網，減緩地震時導致結構裂縫、產生漏水的可能性。拆除原有窗框、重新立窗框的情況下，窗戶四周也需要利用水泥砂漿混合防水材，在窗框和結構體的縫隙確實填滿，以加強防水功能。施工一般從轉角先行塗佈，接續壁面往上，壁面施工完畢再施作地面，且地面的施作方向應從內往外進行。

圖片提供＿秝禾鑫塗裝藝術工作坊

衛浴有先經過完善的防水工程，後續無論貼磚或上特殊漆才能安心。

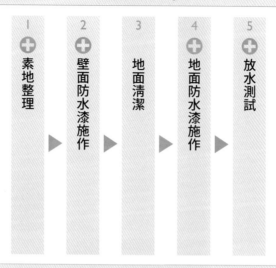

工 法 一
施工順序 Step

| | | | | |
|---|---|---|---|---|
| 1 | 2 | 3 | 4 | 5 |
| 素地整理 | 壁面防水漆施作 | 地面清潔 | 地面防水漆施作 | 放水測試 |

※ 實際施工請以現場情況爲主。

➕ 關鍵施工拆解 ➕

**Step 1**
**素地整理**

衛浴牆面或地面結構一旦漏水，通常都建議直接敲除，重新開始施作防水層。施作前素地需先清潔，不得有灰塵、油污、油漬、泥渣等可能鬆脫污染物，否則會影響日後防水效果。若是拆除牆面或地坪，可以先完成水電管線的變更與配管，再進行修補工序，清理溝槽、施作接著水性底漆，調配砂漿倒入管溝內進行填補。另外，如果有裂縫需批平再施作，以免防水漆往下滲漏，造成塗層不平均影響防水效果。

**Step 2**
**壁面防水漆施作**

先從壁面開始施作防水，先上第一道防水漆打底，等打底乾燥後再做中塗、面塗，約刷 1～2 道防水漆，每一道都需等乾燥後再施作下一步。乾燥時間視天候而定，約爲 2～4 小時，或依照個別產品說明。施作時先從邊角開始，利用刷具塗佈，大面積再用滾輪塗抹，需注意每道厚度是否平均。如果要上玻璃纖維網、不織布、六角網等，是於第二道中塗施作時邊貼上再上一層防水材，防水材需有效填滿孔隙，不織布下的空氣要完全排出，以免日後產生膨拱問題。待中塗乾燥後，再施作面塗層。

圖片提供＿演拓空間室內設計

圖片提供＿演拓空間室內設計

**施工要點**

1. 管線的接頭處要使用不同刷具，特別加強處理。
2. 每道塗刷的方向要有差異，若第一道是直塗、另一道就要橫塗。
3. 第一層通常會稀釋薄塗打底，比例依照個別產品說明。
4. 防水施作，一般高度通常只作到 150 ～ 180 公分，但還是建議作到頂，避免水蒸氣從隔間磚牆粉刷層滲透進去。

**Step 4**
**地面防水漆施作**

壁面防水完成後，接著進行地面防水工程。地面刷完第一層防水漆後，再刷 1 ～ 2 道防水漆，基本上與壁面施作差不多，如果要加入不織布等，也是在中塗進行。另外，若有作磚砌浴缸、止水墩等也要確實施作防水層。

圖片提供＿演拓空間室內設計

**施工要點**

1. 塗刷防水漆前，要先將地面的沙粒、碎石清理乾淨，防水塗料才能完全滲入坑洞，達到填補、 防水之效。
2. 地面防水完成後，因必須承受施工人員不得不的踩踏，因此防水塗好之後，通常會再刷一層「土膏」，保護已完成的防水層。
3. 遇到有排水孔的地方，如衛浴、陽台，在施作防水之前可以將落水頭切平地面，並讓防水塗料延伸至落水頭內，再進行貼磚，可避免水沿著水管和泥作接縫處滲漏。

**Step 5**
**放水測試**

施作完衛浴的防水工程後，建議可將排水孔堵住，蓄水約 2 ～ 3 公分左右的高度，若時間允許的話 可等待 1 ～ 2 天，觀察牆面和地面有沒有滲漏的現象。若沒問題，才接著進行後續的貼磚。

圖片提供＿演拓空間室內設計

# 調合漆

## 操作簡單，爲木材鐵件上防護

☐室內天花板 ☐室內牆壁 ☐室外屋頂 ☐室外牆壁
☐地坪 ■金屬 ■木材 其他：_____

**施工準則**
將基材妥善前置處理後，來回均勻地滾刷 1～2 道

調合漆又寫作調和漆，是適用於室內外木材、金屬材質塗裝的塗料，像是欄杆、門窗、木桌椅、鐵件等都可以使用調合漆作爲表面保護，不過要注意調合漆都是有色的，塗刷在木材上會完全蓋掉木紋，如果想保留木紋就不適合使用。調和漆產品有油性、水性兩種，其中油性調合漆的調薄劑一般原廠都建議使用松香水，雖然實務上也有人會使用甲苯，但其實不建議，因爲甲苯的揮發速度比較快，可能導致漆膜乾燥速度趕不上甲苯的揮發速度，而發生起皺現象。調合漆滾塗比較適合在面積較大、平坦的表面施作，並搭配刷具進行邊角的處理。

圖片提供＿＿＿＿

調合漆色彩豔麗，具鏡面光澤且附著力強。

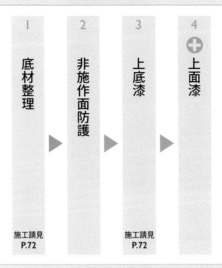

工 法 一
施工順序 Step

| I | 2 | 3 | 4 |

底材整理

非施作面防護

上底漆

✚ 上面漆

施工請見
P.72

施工請見
P.72

※ 塗刷次數依施工實際情況而定。

✚ 關鍵施工拆解 ✚

**Step 4
上面漆**

待底漆乾燥後,將調合漆充分攪拌均勻,取適量漆料倒入漆盤,
再以滾筒沾漆達濕潤狀,以直向方式塗刷。每次滾塗需有三分
之一重疊,可免去滾筒交接處形成明顯的痕跡,且注意均勻地
施作。一般會上 I ~ 2 道,待表面完全乾燥後才施作下一道。

**施工要點**

I. 調合漆如果太稠,可斟酌加入調薄劑稀釋。
2. 油性調合漆建議塗裝間隔至少 I0 小時、水性則至少
   24 小時。

# 浪板漆

## 修復翻新老舊鐵皮，增加使用年限

☐室內天花板 ☐室內牆壁 ☐室外屋頂 ☐室外牆壁
☐地坪 ■金屬 ☐木材 其他：＿＿＿＿

**30 秒認識工法**

| 所需工具 | 滾輪刷、漆桶、漆盤、鋼刷、電動鐵刷
| 施作天數 | 1 天
| 適用底材 | 彩鋼板、浪板鐵皮等金屬材質

**施工準則**
徹底除鏽後再上 1 ～ 2 道，發揮最佳防護效果

頂樓加蓋、工廠、臨時建築中，常見浪板鐵皮這種板材的運用，其常見材質有鍍鋅板、鋁鋅板、鋁鎂鋅板、不鏽鋼等，價格、防鏽能力與使用年限都有所不同。而浪板漆是專為了浪板鐵皮研發的塗料，由高耐候型樹脂與高耐候型顏料所組成，具有非常好的耐候性，能為浪板修復、翻新，延長使用期限。雖然浪板漆本身就具有防鏽功能，但如果施作物表面已經生鏽的話，一定要先徹底除鏽才能施作，否則就算塗裝完成，沒清乾淨的鏽還是會蔓延擴散。除鏽後再上一層防鏽底漆（請依照產品建議挑選正確底漆），達到穩固美觀的效果。

圖片提供＿鯤承油漆工程

浪板漆常作用於戶外鐵皮屋頂的修復。

## 工 法 一
### 施工順序 Step

| 1 | 2 | 3 ✛ |
|---|---|---|
| 底材處理 | 上底漆 | 上面漆 |

▶ ▶

※ 塗刷次數依施工實際情況而定。

---

✛ 關鍵施工拆解 ✛

**Step 3
上面漆**

將浪板漆以適量調薄劑加以稀釋後，以薄塗方式滾塗 2 道，注意若厚塗的話可能導致表乾但內層不乾的情況，進而影響附著力，或產生起泡、起皺現象。每一道都要等待完全乾燥後才進行下一道。

**施工要點**

1. 如果底材很光滑，可以先稍作打磨增強附著力。
2. 施工後注意避免疊放、重壓板材，以防回黏情況。

# 戶外護木漆

**30 秒認識工法**

| 所需工具 | 滾筒、漆盤、砂紙機（視施作面積而定）、各類砂紙 |
| 施作天數 | 2 ～ 3 天 |
| 適用底材 | 戶外木製品、原木外牆、木地板、木造屋頂、木圍籬、木棧道、木遮陽棚等室外木製設施 |

## 滾動速度不要太快，以免塗佈不均

☐室內天花板 ☐室內牆壁 ☐室外屋頂 ☐室外牆壁
☐地坪 ☐金屬 ■木材 其他：_____

**施工準則**
採用直上下滾動上漆完，一次施作一根確保塗膜厚度，並避免垂流

戶外護木漆能為新舊木製品延長使用壽命，保護木材於潮濕環境不易發霉、腐蝕，於高溫乾燥環境表面也不易產生龜裂、翹曲、脫落或褪色等情況，可廣泛運用在各種木作表面，提供保護力。戶外護木漆使用滾刷工法施作時，要注意均勻力道，平行移至另一根木頭面上滾動讓漆能平均分布，或是三分之一重疊路徑的方式上下直向滾動，以免塗刷時厚薄不均。

圖片提供＿德寶塗料

戶外護木漆一般是二合一，底面通用，使用簡單。

## 工 法 一
### 施工順序 Step

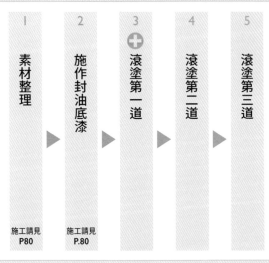

| 1 | 2 | 3 | 4 | 5 |
|---|---|---|---|---|
| 素材整理 | 施作封油底漆 | ➕ 滾塗第一道 | 滾塗第二道 | 滾塗第三道 |
| 施工請見 P.80 | 施工請見 P.80 | | | |

※ 高油脂的木材建議先進行「施作封油底漆」處理；塗裝次數則視需求調整。

### ➕ 關鍵施工拆解 ➕

**Step 3**
**噴漆第一道**

將塗料充分攪拌，使顏色均勻後，將適量漆料倒入漆盤，再以滾筒沾漆達濕潤狀，並利用漆盤上的鋸齒凸痕刮除多餘漆料，達到不滴漆的狀態。再來均勻地滾刷於表面，待乾燥確實硬化後再塗裝下一道。

圖片提供＿德寶塗料

**施工要點**

1. 不同廠牌產品的塗裝間隔時間不同，短至 30 分鐘、長至 12 小時，請參考說明使用。
2. 木地板上漆時盡量以一片為單位來塗，以免產生接痕，造成漆色不勻的問題。如有局部擦損處則可用砂紙輕磨後再補漆即可。

# CHAPTER 3

# 機械塗裝

| | 噴漆法 |
|---|---|
| **特性** | 噴漆法是所有工法中效果最均勻,且工時快速的,但由於必須透過噴槍機器才能施作,是專業級師傅常用的工法,一般 DIY 者較少用。 |
| **優點** | 工程快速、美觀,需上仰施工的天花板最為省力。 |
| **缺點** | 觸碰後易產生刮痕與手痕。 |
| **適用情境** | 適合空間大,空間內傢具及雜物較少的空間。 |

噴漆工法屬於專業的塗裝工程才會使用，有著施工較快速、漆面均勻的優點，尤其使用在天花板上最省力，也可減少油漆滴落的問題。不過，噴漆最好使用在空屋，或是將空間中所有物件均妥善包覆，以免物品或室內裝潢被飄散的漆污染。而裝修中的烤漆工法，有鋼琴烤漆、陶瓷烤漆等，一般需要在無塵且有專業器械的廠房製作，不過透過現場噴漆研磨工序的反覆施作，也能達到烤漆般的效果。

※ 首次接觸的塗料建議諮詢品牌廠商後再進行施工。

※ 本書記載之工法以正常情況為主，實際情況會依現場施工情境而異。

專業諮詢__ Dulux 得利塗料、虹牌油漆、油漆小哥、
鈴鹿塗料、喬和工程、KEIM 德國凱恩礦物塗料、德寶塗料

**Part I. 噴漆**

# 乳膠漆＋水泥漆

### 施工快且短，漆膜觸感細緻光滑

■室內天花板 ■室內牆壁 □室外屋頂 □室外牆壁
□地坪 □金屬 ■木材 其他：＿＿＿＿＿＿

**30 秒認識工法**

| 所需工具 | 油漆桶、水桶、空壓機、噴槍、攪拌棒、刮刀、砂紙、砂紙機、海綿、養生膠帶、口罩、手套 |
|---|---|
| 施作天數 | 7～12 天 |
| 適用底材 | 矽酸鈣板、木夾板、水泥牆面 |

**施工準則**
噴塗來回施力要平均，速度也要穩定，以達到厚度均勻的漆膜

室內裝修最常使用的塗料莫過於乳膠漆與水泥漆。這些塗料運用噴漆施作的好處在於能大規模使用，施工速度快，漆膜也相對均勻光滑。不過邊角處沒有辦法很細緻的修飾，通常適合用在底漆或面漆，但若用在面漆，在進行小面積手刷修補時，刷塗痕跡和噴漆漆膜會有明顯差異，有較高要求的人，建議最後一道面漆改以刷塗為主。此外，噴漆噴出來的塗料相當很細微，容易飄散在空氣中，比較適合用在空屋或家具不多的空間，事前的防護工程也要做到相當完備，無須施工的牆面、地板和天花都需要包覆到，以免沾染到噴霧狀的塗料。

圖片提供＿＿ Dulux 得利塗料

乳膠漆或水泥漆運用噴漆法施工迅速，漆膜光滑無瑕疵。

## 工法一
### 施工順序 Step

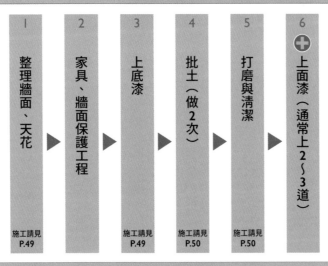

| 1 | 2 | 3 | 4 | 5 | ➕ 6 |
|---|---|---|---|---|---|
| 整理牆面、天花 | 家具、牆面保護工程 | 上底漆 | 批土（做2次） | 打磨與清潔 | 上面漆（通常上2～3道） |
| 施工請見 P.49 | | 施工請見 P.49 | 施工請見 P.50 | 施工請見 P.50 | |

※ 實際施工請以現場情況為主。

### ➕ 關鍵施工拆解 ➕

**Step 6**
**上面漆（通常上 2 ～ 3 道）**

為了避免機器堵塞，用於噴漆的塗料要先經過加水稀釋，通常會比滾塗或刷塗來得更水。噴漆時要少量多次來回掃動，讓漆膜均勻呈現。若一次在同一區噴塗大量塗料，則會造成俗稱掛流或滴流情況，漆面也變得厚薄不均。考量到完工後經常會需要小面積的修補，建議最後一道面漆改用塗刷完成，即便事後修補，刷痕也能不明顯。

攝影＿蔡竺玲

**施工要點**

1. 噴漆的漆膜較薄，牆面一旦不平整很容易被發現，因此事前的批土打磨作業要做到相當確實。
2. 漆膜薄的情況，通常建議要噴塗 3 道面漆才夠顯色。

**驗收要點**

噴漆的力道過大或噴得過多，容易造成表面滴流或皺皮的情況，驗收時要特別注意。

# 黑板漆

為室內環境創造隨興塗鴉好趣味

☐室內天花板 ■室內牆壁 ☐室外屋頂 ☐室外牆壁
☐地坪 ■金屬 ■木材 其他：_____

**30 秒認識工法**

| 所需工具 | 噴槍 |
| 施作天數 | 依面積而定，每道塗刷大約 4 小時之後會產生乾燥效果，施工完成後請等待至少 7 天，達成完全乾燥 |
| 適用底材 | 矽酸鈣板、水泥板、木夾板、塑合板 / 密集板、舊有漆面、水泥等各式底材皆適用 |

**施工準則**
施工前整平牆面後能直接塗刷，或上一層底漆，增加漆料附著力

早期常見的黑板漆多為油性，其成分包含特殊樹脂、耐磨性顏料、調薄劑等，由於油性塗料中的甲苯對人體有害，再加上環保意識抬頭，已有業者引進以水性為主的黑板漆，成分具水性漆特性且以水稀釋即可，不易對人體有害，也符合健康環保概念。為了強調其耐擦特性，有些黑板漆會加入石英細砂料、高硬度剛玉粉等成份，讓其耐磨擦寫次數可高達上萬次。除了常見的黑色、墨綠色黑板漆以外，現今已突破色系上的限制，可挑選顏色高達上萬種。塗刷前須充分攪拌均勻，並於施工過程中持續攪拌，一般以「噴漆」為主，另外居家 DIY 能採重複性的滾塗、刷塗等施工方式以達所需厚度。

水性黑板漆以水稀釋即可，具可隨意塗寫、耐擦洗特性，易於清潔保養，施工容易。

圖片提供＿橙白室內裝修設計工程有限公司

工 法 一
施工順序 Step

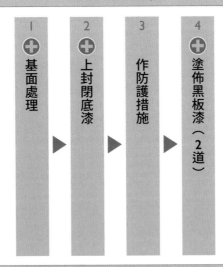

| 1 | 2 | 3 | 4 |
| 基面處理 | 上封閉底漆 | 作防護措施 | 塗佈黑板漆（2道） |

※ 實際施工請以現場情況爲主。

 關鍵施工拆解 ➕

**Step 1**
**基面處理**

先確認原始牆面是否有表面疏鬆、凹凸不平問題，若有可在上漆前先批土、打磨，讓牆面更平滑，新牆面可跳過此步驟。

**Step 2**
**上封閉底漆**

牆面經過平整後，上一層底漆增加附著力。

塗刷第一道黑板漆，間隔約至少 4 小時後，再塗刷第二道避免露底。等待約 7 天，讓黑板漆完全乾燥。

圖片提供＿虹牌油漆

**驗收要點**

1. 完工後驗收先檢查邊邊角角的收邊有沒有做好，再檢查有沒有手印等髒污，尤其是靠近窗簾部分由於布料摩擦，往往會出現瑕疵。
2. 仔細檢查牆面，是否皆有以黑板漆完全塗佈，若有漏缺則再做補漆動作。

# 白板漆

## 輕易滿足各式各樣的創意發想

☐室內天花板 ■室內牆壁 ☐室外屋頂 ☐室外牆壁
☐地坪 ■金屬 ■木材 其他：＿＿＿＿＿

**30 秒認識工法**

| 所需工具 | 噴槍 |
| 施作天數 | 7 ～ 12 天 |
| 適用底材 | 矽酸鈣板、水泥板、木夾板、塑合板／密集板、舊有漆面、水泥等各式底材皆適用 |

**施工準則**
混合後的塗料操作時間需在 2 小時之內完成，建議塗刷兩道以上

白板漆是一種半透明乳白色的漆料，由雙組分胺固化環氧樹脂所創造製成，乾燥後表面平滑堅硬，就如同白板一般可書寫繪畫，也容易清潔，因此一般牆面刷塗後，即可以成爲一片如同白板的牆面。白板漆可以使用在乾燥的牆面、纖維板、木材、水泥與金屬表面，也可運用在任何門板、櫥櫃、牆面等物體上，創造出一個具有白板繪圖功能的創意物件。白板漆一般多用於小孩房、廚房、咖啡廳等需要記事或標記的場所。

圖片提供＿虹牌油漆

白板漆能被使用在任何乾燥的牆面，塗刷後牆面即變成可塗寫的白板牆。

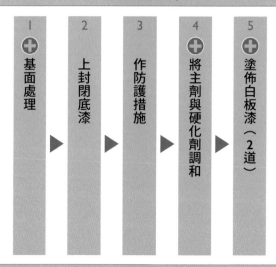

工 法 一
施工順序 Step

| 1 | 2 | 3 | 4 | 5 |
|---|---|---|---|---|
| 基面處理 | 上封閉底漆 | 作防護措施 | 將主劑與硬化劑調和 | 塗佈白板漆（2道） |

※ 實際施工請以現場情況爲主。

 關鍵施工拆解

**Step 1**
**基面處理**

被塗面的水份、油脂、灰塵等附著污物應清除乾淨。塗刷白板漆前，建議用 #120 ～ #240 砂紙磨平，再清除表面灰塵，以達平坦表面。

**施工要點**

1. 底材含水率 12% 以下才可施工，陰雨或相對溼度 85% 以上時，應避免施工。
2. 確保施作場合的通風，因爲白板漆的氣味會比一般乳膠漆還強。

**Step 4**
**將主劑與硬化劑調和**

白板漆主要有主劑和活化劑，必須以主劑與硬化劑 2：1 的比例均勻調合，混合後始可形成完全硬化之塗膜。主劑與硬化劑混合 2 小時後會開始變半透明乳白色黏稠果凍狀，屬正常現象，請在 2 小時內用完，切勿加入溶劑或塗料。

**施工要點**

1. 硬化劑容易與空間中濕氣反應發生氣泡與膠化，必須將桶蓋蓋緊防止與空氣中水份接觸。
2. 硬化劑切勿單獨加水使用。

**Step 5**
**塗佈白板漆（2 道）**

為達最佳效果最少須施作二道，等待 2 小時後即可再進行第二道施工。

**施工要點**

1. 若重塗間隔至少要 7 天，建議用 400 ～ 800 號砂紙再次打磨至細緻，再進行第二道施工。
2. 一次噴塗膜厚超過 50um 易產生氣泡，應特別注意。

**驗收要點**

1. 上完白板漆後，在使用白板筆前需先養護 7 天。另外待乾燥後 1 小時才可觸摸表面，以免留下手痕。
2. 塗刷完成後要確認表面是否平整，有沒有殘留的粉塵。

# 磁性漆

實現可寫字、可用磁鐵的多工牆面

☐室內天花板 ■室內牆壁 ☐室外屋頂 ☐室外牆壁
☐地坪 ☐金屬 ■木材 其他：＿＿＿＿

**30 秒認識工法**

| 所需工具 | 刷子、攪拌棒、漆盤、抹布、塑膠袋、遮蔽膠帶 |
| 施作天數 | 2 ～ 3 天 |
| 適用底材 | 矽酸鈣板、水泥板、木夾板、塑合板／密集板、舊有漆面、水泥等各式底材皆適用 |

**施工準則**
噴漆因爲塗膜較薄，施工期會拉得更長，務必多上幾道直到吸力足夠爲止

目前市售磁性漆皆爲水性，成分多採樹脂搭配鐵粉製作而成，適用於室內各種材質的基層表面，例如水泥牆壁、木板、矽酸鈣板，甚至只要多加一層光滑面底漆，包括玻璃、磁磚也都能使用磁性漆達到吸附磁鐵的功能。另外，通常磁性漆較不會單獨使用，常見與黑板漆、乳膠漆搭配運用，如果加上黑板漆，牆面又可以書寫、塗鴉，提供家人互動或是小朋友隨性繪畫的趣味角落，而若搭配乳膠漆，則能讓鐵灰色的磁性漆創造各種色彩變化。施工相當簡單，打開攪拌均勻卽可刷飾，新牆面需要比舊牆面多一道批土程序。

圖片提供＿橙白室內裝修設計工程有限公司

磁性漆常用來搭配黑板漆使用，讓牆面功能性更廣泛。

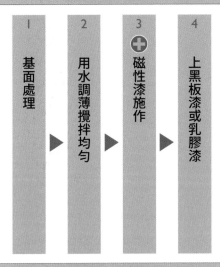

## 工 法 一
### 施工順序 Step

| 1 | 2 | 3  | 4 |
|---|---|---|---|
| 基面處理 | 用水調薄攪拌均勻 | 磁性漆施作 | 上黑板漆或乳膠漆 |

※ 塗刷次數依施工實際情況而定。

### ➕ 關鍵施工拆解 ➕

**Step 3 磁性漆施作**

打底後使用噴漆直接上第一道磁性漆，噴塗中要注意避免厚度不一。由於噴漆厚度較薄，因此施工期會拉長到 2 ～ 3 天，反覆塗刷、等待乾燥、再次塗刷……直到達到所需厚度。每一道都要等待等待 4 ～ 6 小時以上再施作下一道。

#### 施工要點

1. 可採重複性以達所需厚度（乾膜 400um 以上效果較佳）。
2. 如果後續要上其他塗料，至少要等 24 小時後再上塗，
   並以補土薄批整平。

#### 驗收要點

磁性漆施作完成之後，建議每一個地方都要使用強力磁鐵進行測試，如果覺得吸力不夠再增加一道。

# 植物漆

不含石化成分，覆蓋力好且耐刷洗

■室內天花板 ■室內牆壁 ■室外屋頂 □室外牆壁
□地坪 ■金屬 ■木材 其他：_____

**施工準則**
施作時必須避開雨季或是潮濕氣候，在乾燥通風環境下進行為佳

環保意識的抬頭，人們對生活品質與環境保護更加注重，愈來愈多天然塗料逐漸取代傳統的石化合成漆，其中包括植物漆。天然植物漆的成分皆取材於自然界中的天然物質，不含任何危害人體的物質，像是採用小麥和玉米梗製成純天然生態樹脂，成分和產品循環週期都能達到零污染的生產效果，甚至能完全堆肥，呈現友善環境的特性。植物漆具備質地細膩、無毒無臭、施工容易，並且可完美應用於牆面上的優點，其施作跟一般塗料一樣可選擇噴塗、滾塗跟刷塗，依照細緻程度的排序為噴塗＞滾塗＞刷塗，以噴漆作業，完成質感相對佳。

Guldsmeden 有機旅館集團遵循著永續及環保的概念去經營旗下酒店，也因此此在裝修材料的選擇上也特別挑選符合環保且天然的植物漆做為牆面壁漆。

圖片提供＿喬和工程

工 法 一
施工順序 Step

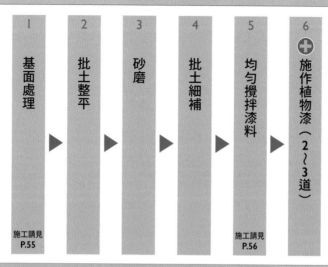

| 1 | 2 | 3 | 4 | 5 | 6 |
|---|---|---|---|---|---|
| 基面處理 | 批土整平 | 砂磨 | 批土細補 | 均勻攪拌漆料 | 施作植物漆（2～3道） |
| 施工請見 P.55 | | | | 施工請見 P.56 | |

※ 實際施工請以現場情況為主。

🞤 關鍵施工拆解 🞤

**Step 6**
**施作植物漆（2～3道）**

以噴漆形式均勻地塗佈第一道，塗刷間隔建議 4～6 小時再施作第二道，第二道施作時不加水。

**施工要點**

單一塗層施工後，請勿重複塗刷，經乾燥後可再次塗刷，避免使用過量影響表面效果。

# 光觸媒漆

有效分解空氣中污染物質的健康牆面漆

## 30 秒認識工法

| 所需工具 | 噴槍 |
| 施作天數 | 2 天 |
| 適用底材 | 矽酸鈣板、水泥板、木夾板、塑合板 / 密集板、舊有漆面、水泥粉光等各式底材皆適用 |

**施工準則**
施作過程中需確保塗抹均勻、平整，待乾燥卽完成

光觸媒漆是一種環保塗料，所謂的光觸媒，指的是經過光的照射，能促進化學反應的物質。光觸媒漆大多添加二氧化鈦光觸媒製成，在接觸日光或室內光的紫外線後，便會將周圍的氧氣與水分子轉化爲能夠分解有機化合物，如甲醛、細菌的活性氧層，因此光觸媒漆通常具有去除室內異味、空氣品質淨化、抗菌防黴、分解甲醛等特性。施作光觸媒漆時，建議工具使用噴槍或滾輪減少刷痕。

光觸媒漆刷完後的表面會有細微的顆粒狀，兼具裝飾效果。

圖片提供＿喬和工程

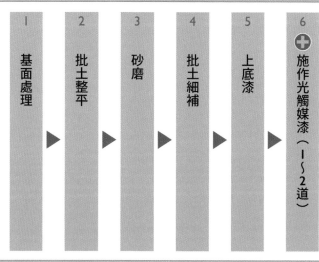

工 法 一
施工順序 Step

| 1 | 2 | 3 | 4 | 5 | 6 |
|---|---|---|---|---|---|
| 基面處理 | 批土整平 | 砂磨 | 批土細補 | 上底漆 | ✚ 施作光觸媒漆（1～2道） |

※ 實際施工請以現場情況、各品牌產品說明爲主。

 關鍵施工拆解

**Step 6**
**施作光觸媒漆（1～ 2道）**

光觸媒漆一般不須加水卽可施作，若要加水請依照建議比例，過多稀釋可能導致成膜不成功。無論是否稀釋，施作前都要將漆料完全攪拌均勻。如果要施作第二道，要等待上一道完全乾燥後才進行。

**施工要點**

1. 刷塗作業完成後，應於室溫下靜置 7 天以獲得較佳的漆膜效果。
2. 德國 AURO 的光觸媒漆施作完畢，建議乾燥後 5 日內噴水養灰，使石灰品質更加堅固。

# 石灰漆

防水具良好透氣性，
打造健康室內與戶外環境

■室內天花板 ■室內牆壁 ■室外屋頂 ■室外牆壁
□地坪 ■金屬 ■木材 其他：_____

**30 秒認識工法**
| 所需工具 | 噴槍 |
| 施作天數 | 1～2 天 |
| 適用底材 | 矽酸鈣板、水泥板、木夾板、塑合板/密集板、舊有漆面、水泥粉光等各式底材皆適用 |

**施工準則**
施作前要完全攪拌均勻，施作中要保持環境良好通風

石灰使用在建築上已有千年歷史，舉凡歐洲早期的濕壁畫藝術，中國的紅牆以及徽派建築，皆是運用石灰作為原料，而且至今都保存得相當完好。石灰漆是以純礦物（石灰）製成，過程中運用石灰再礦化技術，無添加樹脂，無機的本質也讓細菌和藻類無法附著，有抗菌防霉的效果。市面上石灰漆產品共有室內、室外用途兩種，其中石灰漆塗刷後，漆面帶有天然礦物與身俱來的自然顆粒狀；石灰外牆漆則加入了「石墨稀」提升塗料的韌性、延展性，附著力更強，因此可以耐戶外氣候，提供更佳的的保護力。

圖片提供＿喬和工程

鵝鑾鼻燈塔的外牆維護皆使用石灰外牆漆，承受得起風吹日曬雨淋的考驗。

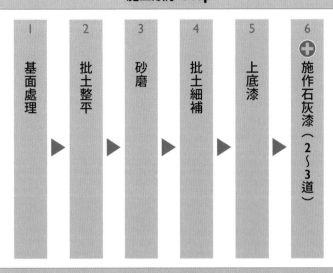

## 工 法 一
### 施工順序 Step

1 基面處理 ▶ 2 批土整平 ▶ 3 砂磨 ▶ 4 批土細補 ▶ 5 上底漆 ▶ 6  施作石灰漆（2～3道）

※ 實際施工請以現場情況為主。

➕ 關鍵施工拆解 ➕

**Step 6**
**施作石灰漆（2～3道）**

一般不需要加水稀釋即可施作，如果想要加水稀釋不能超過規定量，噴塗中需確保均勻、平整。施作完畢建議待完全乾燥後 5 日內噴水養灰，使石灰品質更加堅固；石灰外牆漆施作時，則建議加入 10% 水稀釋並均勻薄塗，反覆塗佈 3 道，以延長塗層耐久。

**施工要點**

1. 塗料的色調來自於礦物原料，建議施工前均勻攪拌，以降低塗佈後產生分色或些微不均現象。
2. 施作乾燥期間，必須具備充分的適溫通風，乾燥時間會依氣候不同而改變。
3. 為了完全達到硬化，避免過早乾燥。施作過程以及乾燥時間，避免直接曝曬於陽光、強風、豪雨與髒污下。若使用在戶外，請覆蓋住避免日曬雨淋至少 5 天。

# 外牆漆

## 部分舊外牆較不適合噴漆施作

☐室內天花板 ☐室內牆壁 ☐室外屋頂 ■室外牆壁
☐地坪 ☐金屬 ☐木材 其他：＿＿＿＿＿

**30 秒認識工法**

| 所需工具 | 噴槍、砂紙、刮刀等清潔工具、高壓清洗機（視需求） |
| 施作天數 | 1～3 天 |
| 適用底材 | 水泥、磁磚、抿石子等室外表面 |

**施工準則**
避免濕度高的天氣施工，噴塗時確保每個細節都有覆蓋到

在老屋外牆拉皮中，塗料是最為常見的工法之一，有著材質輕，減少建築物自重負荷、不需要事先進行敲除工程、施工時間短、後續養護便利等優點。市面上外牆漆產品多元，除了具備高耐候性、防藻、防霉特性，甚至有些更具有透濕性、複層彈性等特點，可依照需求進行挑選。一般上，外牆塗裝尤其 2 層樓以上，因為需要搭配鷹架等方式才能施工，因此不建議一般民眾自行 DIY，請交由專業工班進行。不過，要注意如果原始牆面漆膜沒有完全刮除，且是凹凸不平的表面（如仿石漆），那麼就算上了介面漆、底漆、中塗、面漆也不會突然變得平整，且凹凸不平表面可能讓噴漆容易造成局部積料或垂流的問題。因此選擇不去除舊漆膜的話，建議使用刷塗或滾塗工法。

圖片提供＿＿陳尚鋒建築師事務所

外牆漆比起室內塗料，具備更佳的抗紫外線能力，才能色彩亮麗持久不易退色。

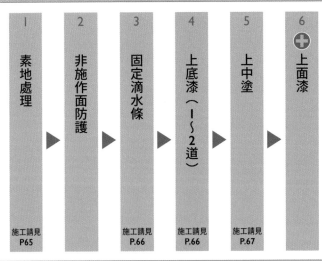

**工　法　一**
## 施工順序 Step

| 1 素地處理 | 2 非施作面防護 | 3 固定滴水條 | 4 上底漆（1～2道） | 5 上中塗 | 6 上面漆 |
|---|---|---|---|---|---|
| 施工請見 P65 | | 施工請見 P.66 | 施工請見 P.66 | 施工請見 P.67 | |

※「固定滴水條」、「上中塗」工序是否施作以及塗刷次數依施工實際情況而定。

---

## ➕ 關鍵施工拆解 ➕

**Step 6**
**上面漆**

面漆以噴漆進行施作前，為避免噴漆堵塞機器，塗料需加適度的水稀釋，因此漆膜較薄，需要多上幾道，看面漆顏色覆蓋情況決定。每次噴漆待完全乾燥後，才施作下一道直到完成。

**施工要點**

請於晴朗、濕度低的天候施工，以確保施工品質。

# 石材金油

## 噴塗薄塗，視覺效果最佳

☐室內天花板 ☐室內牆壁 ☐室外屋頂 ■室外牆壁
☐地坪 ☐金屬 ☐木材 ■其他：石材、洗石子

**30 秒認識工法**

| 所需工具 | 噴槍或無氣噴塗機、鋼刷 |
| 施作天數 | 1 天 |
| 適用底材 | 戶外抿石子、洗石子、磁磚、二丁掛、玻璃、石材、斬石、瓦片、文化石、磚頭、天然石片等 |

### 施工準則
由高往低，一字型左右來回噴漆 2 ～ 3 道即完成

台灣地處亞熱帶，環境高溫潮濕且多雨，常見的抿石子、洗石子、磁磚、二丁掛等建築外牆邊容易出現水痕、髒污或吐鹼等問題，因此外牆完工後要在表面上一層俗稱為「金油」的保護漆，彷彿穿上一件雨衣，不僅能防水、防污，提升耐候性，也能提升使用年限。金油大致上可分為「水性」、「油性」以及「無膜滲透型」三大類，水性與油性金油施作後，表面會形成保護塗膜；而無膜滲透型會直接滲透進施工面毛細孔內，形成防潑水的表面。由於金油有有膜、無膜，或是有光、無光的選項，加上部分產品比較不適合在平面施作，務必確認清楚需求，選擇正確的產品才開始施工。使用噴漆法時，切記從高處往低處有規律地上漆，且塗料也要適當稀釋才比較好施工。

石材金油的耐候性可延長塗裝物使用年限。

## 工法一
### 施工順序 Step

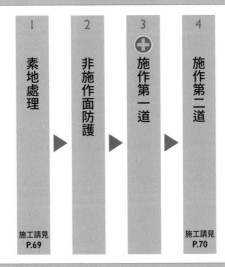

| 1 | 2 | 3 | 4 |
|---|---|---|---|
| 素地處理 | 非施作面防護 | 施作第一道 | 施作第二道 |
| | | | |
| | | | |
| 施工請見 P.69 | | | 施工請見 P.70 |

※ 塗刷次數依施工實際情況而定。

---

 關鍵施工拆解

**Step 3
施作第一道**

將金油依照比例稀釋後裝填入噴漆裝置中，由高處往低處施作，以一字型方式左右來回噴灑。如果被塗物像是磚、文化石等交界處有空隙，建議可加強接縫處的噴漆。

# 眞石漆

## 輕鬆塑造天然石材質感

■室內天花板 ■室內牆壁 ■室外屋頂 ■室外牆壁
□地坪 □金屬 □木材 其他：＿＿＿＿＿

**30 秒認識工法**

| 所需工具 | 水泥攪拌機、鏝刀、高黏度噴塗機、無氣噴塗機、養生膠帶 |
| 施作天數 | 2 ～ 3 天 |
| 適用底材 | 矽酸鈣板、水泥板、木夾板、塑合板／密集板、水泥粉光等各式建築物外觀底材皆適用 |

**施工準則**
基面整平需確實，滴水壓條至關重要不可忽略

眞石漆包括石頭漆、陶砂骨材、頁岩漆等等，主要由樹酯、填料、助劑及色漿（多種石英砂）組合而成，其成分並沒有固定比例，因此國內外廠商都會根據自家產品特性另行調配，其中若細骨材比例較高或顆粒較粗，施工完成面會呈現較爲粗糙的質感，反之若樹脂含量較多顆粒較細，完成表面質感則較爲細緻、光滑。眞石漆主材噴塗完成即是最終成色，也因爲成品色彩來自天然無機石材，成品色差很難避免。爲了確保顏色一致性，或是日後遭遇不測風雲需要維修，挑選穩定一致的原料供應甚爲重要。施工前需確保基面清潔並移除所有與噴塗呈現無關的部件，同時填補基面裂縫、瑕疵，並活用養生膠帶保護與施工成品無關的區域。於施作基面上封閉乳液及底漆同時，安裝滴水壓條以避免日後水痕、髒污附著。眞石漆因無機石材混合純丙乳液，漆體重、黏度高，最好搭配動力豐沛的噴塗系統作業。

圖片提供＿鈴鹿塗料

眞石漆具微彈性，可抵抗因混凝土收縮或地震產生之牆面細微裂縫，且具有防水性，因此常常用於室外。

## 工 法 一
## 施工順序 Step

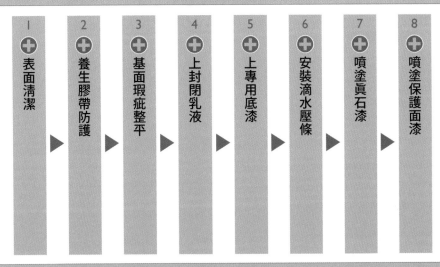

| 1 表面清潔 | 2 養生膠帶防護 | 3 基面瑕疵整平 | 4 上封閉乳液 | 5 上專用底漆 | 6 安裝滴水壓條 | 7 噴塗眞石漆 | 8 噴塗保護面漆 |

※ 施工工法依個別廠商有所不同。

 關鍵施工拆解

**Step 1**
**表面清潔**

需確實清潔基面、移除浮凸物。

### 施工要點

1. 眞石漆雖然黏度高適合各種基面,但前置準備的清潔仍需落實。
2. 如果用水清洗的話,一定要等待完全乾燥後才可以繼續施工,因爲如果有殘存水氣容易導致漆膜冒泡。
3. 新水泥牆須養生 2 ～ 3 周,待完全乾燥,含水率在 12% 以下才能開始施工。

**Step 2**
**養生膠帶防護**

避免污染鄰近區域。

**Step 3**
**基面瑕疵整平**

如遭遇裂縫、凹窟，需確實整平。

**Step 4**
**上封閉乳液**

施作真石漆前，先確認施作區域的底材材質，並依底材種類使用適合的專用封閉乳液（封閉底漆），較高流動性的封閉乳液比例填充基面毛孔，增加耐候性及防水性。

**Step 5**
**上專用底漆**

保護基材，為真石漆提供良好的附著面。

**Step 6**
**安裝滴水壓條**

防止水份在外牆上滲漏、降低侵蝕、劣化真石漆的可能性並常保漆面美觀。需注意金屬材質的滴水壓條需搭配其專用介面漆，以利真石漆附著。

**監工要點**

滴水壓條於真石漆壽命及美觀甚為重要，切不可省略。

**Step 7**
**噴塗真石漆**

真石漆黏度高、質量重，建議搭配高黏度噴塗機應用，並採橫向一次直向一次的十字交叉工法，確保塗料完全覆蓋施作區域，並依厚度需求決定施作次數。

**Step 8**
**噴塗保護面漆**

增加真石漆耐候性及抗污性。

**施工要點**

1. 檢查完成面顏色是否大致一致，厚薄是否平均，且無明顯發花情形。如有垂流則需重工。
2. 施作區域完成後，透明面漆具潑水性，因此可以水潑向施作完成面，確認是否具潑水效果。
3. 因真石漆主噴材就是最終成色，故需特別注意色差。
4. 真石漆完成面用手觸摸若有顆粒掉落，表示施工時風壓及料壓太大致表面石頭顆粒未完全服貼表面，需研磨後再上面漆，因此可以手觸摸確認施作品質。

# 仿石漆

## 結合多種基面創意不受限

■室內天花板 ■室內牆壁 □室外屋頂 ■室外牆壁
□地坪 □金屬 □木材 其他：_____

**30 秒認識工法**

| 所需工具 | 水泥攪拌機、鏝刀、高黏度噴塗機、無氣噴塗機、養生膠帶 |
| 施作天數 | 5 ～ 7 天 |
| 適用底材 | 矽酸鈣板、水泥板、木夾板、塑合板 / 密集板、水泥粉光金屬板磁磚面等各式建築物外觀底材皆適用 |

**施工準則**
講究專業噴塗工具及前置作業，宜予經驗豐富工班執行

仿石漆由樹脂、填料及助劑組合而成，其顏色為造型層完成後再上色料主材，故能任意設計成品質感、顆粒花樣及成色，且能確保一致性。仿石漆又可大致分為仿石頭漆和多彩花崗岩漆 2 大類，前者內含天然石粉，完成面略帶粗糙感；後者純粹以塗料呈現，創造花崗岩般的多彩點狀花紋。理論上多道工序而成的厚質材料耐候性能極佳，要滿足這標地，各工序搭配的材料品質更顯重要，且因為施工步驟繁瑣，噴塗過程若發生工具參數及用料失誤，補救得耗費極大心力，所以前置設計及步驟規劃務必精確。還原天然石材花紋肌理極為考驗施工人員美感及經驗，稍有不慎畫虎不成反類犬，因此不只選料重要，合作的工班也需謹慎參考其過往實績。

圖片提供__鈴鹿塗料

仿石漆被廣泛運用於各類商業、公共工程和大樓建案，包含外牆、挑高壁面、陽台女兒牆等都能看見它們的身影。

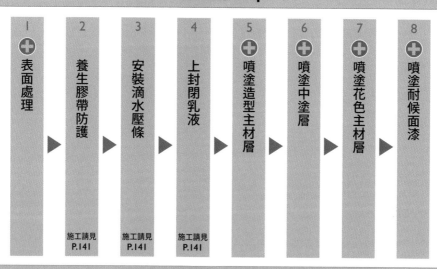

**工 法 一**
施工順序 Step

| 1 | 2 | 3 | 4 | 5 | 6 | 7 | 8 |
|---|---|---|---|---|---|---|---|
| ⊕ 表面處理 | 養生膠帶防護 | 安裝滴水壓條 | 上封閉乳液 | ⊕ 噴塗造型主材層 | ⊕ 噴塗中塗層 | ⊕ 噴塗花色主材層 | ⊕ 噴塗耐候面漆 |
| | 施工請見 P.141 | 施工請見 P.141 | 施工請見 P.141 | | | | |

※ 施工工法依個別廠商有所不同。

⊕ 關鍵施工拆解 ⊕

**Step 1**
**表面處理**

大部分底材都能施作仿石漆，但素地須先清理乾淨並整平，不可有裂縫、孔隙、坑洞或漏水等情形。一般泥作粗胚要先以水泥粉光，而矽酸鈣板、木夾板和水泥板等，則須完成批土、整平表面；如施作於磁磚面上，需搭配專用界面劑。如果希望創造立體感，可以用骨材和樹脂於表面批土做出立體效果，預作立體面再執行，一般平滑面可省略。

**施工要點**

1. 仿石漆工序繁瑣，故自鷹架搭建時便需通盤考量噴塗機操作與施作面的最佳距離。
2. 仿石漆花色的立體紋理及花色呈現需持續溝通，確保成品符合設計者意圖。

**Step 5**
**噴塗造型主材層**

運用高黏度噴塗機模擬天然石材肌理。

圖片提供＿永淂塗裝工程行

**Step 6**
**噴塗中塗層**

作爲整體成色的基礎底色，務求均勻。

圖片提供＿永淂塗裝工程行

圖片提供＿永淂塗裝工程行

**Step 7**
**噴塗花色主材層**

調整塗層的視覺多樣性且豐富最終成品飽和度層次，此層亦是模擬天然原石質感至關重要的工序。

**Step 8**
**噴塗耐候面漆**

增加仿石漆耐候性及抗污性，確保完成面的長期使用壽命。

---

**施工要點**

1. 漆檢視完成面的角落收邊和線條溝縫是否乾淨俐落，塗層厚薄一致，沒有破口或遺漏之處，有無垂流或是漆料附著不良的狀況。
2. 大面積地檢視整體花色及質感是否符合初始設計，如有小區域不協調應立即修正。
3. 仿石漆相當需要保護面漆維持整體壽命及美觀持久性，應該多方位測試施作面防水性。

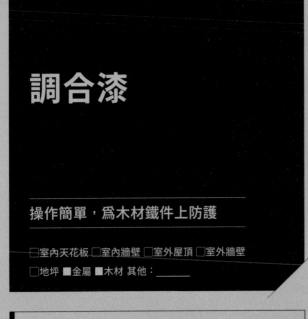

# 調合漆

操作簡單，爲木材鐵件上防護

☐室內天花板 ☐室內牆壁 ☐室外屋頂 ☐室外牆壁
☐地坪 ■金屬 ■木材 其他：＿＿＿＿＿

**施工準則**
將基材妥善前置處理後，均勻地噴塗 1 ～ 2 道

調合漆又寫作調和漆，是適用於室內外木材、金屬材質塗裝的塗料，像是欄杆、門窗、木桌椅、鐵件等都可以使用調合漆作爲表面保護，不過要注意調合漆都是有色的，塗刷在木材上會完全蓋掉木紋，如果想保留木紋就不適合使用。調合漆產品有油性、水性兩種，其中油性調合漆的調薄劑一般原廠都建議使用松香水，雖然實務上也有人會使用甲苯，但其實不建議，因爲甲苯的揮發速度比較快，可能導致漆膜乾燥速度趕不上甲苯的揮發速度，而發生起皺現象。調合漆以噴漆施工質量最好，但漆料黏度的控制很重要。

室內樓梯鐵件可以用
調合漆重新保養。

圖片提供＿油漆小哥

圖片提供＿油漆小哥

## 工 法 一
## 施工順序 Step

| 1 | 2 | 3 | 4 |
|---|---|---|---|
| 底材整理 | 非施作面防護 | 上底漆 | 上面漆 |
| 施工請見 P.72 | | 施工請見 P.72 | |

※ 塗刷次數依施工實際情況而定。

---

 關鍵施工拆解

**Step 4
上面漆**

待底漆乾燥後,將調合漆依照規定比例稀釋並充份攪拌均勻,以噴塗方式上 1～2 道,待表面完全乾燥才施作下一道。

**施工要點**

1. 稀釋比例以不超過規定量為原則,以免影響漆膜厚度與遮蓋力。
2. 油性調合漆建議塗裝間隔至少 10 小時、水性則至少 24 小時。

# 聚氨酯漆

## 室外建築結構物塗裝常用面漆

□室內天花板 □室內牆壁 ■室外屋頂 ■室外牆壁
□地坪 ■金屬 ■木材 其他：＿＿＿＿＿

**施工準則**
主劑及硬化劑必須按規定比例均勻調合

聚氨酯漆為保護用漆，一般稱為 PU 漆，為 Poly Urethane 的簡寫，PU 塗料比較常用可分為一液型及二液型兩大系統，一液型又可分油變性型、封鎖型及濕氣硬化型三種，雖然型式繁多，市面上大部分以「Polyol 硬化二液型及單液濕氣硬化型」較適合使用。PU 塗料具有優異之耐水性、耐化學藥品性及耐候性，經日曬雨淋不易變色、失光，為室外建築結構物塗裝常用之面漆。選用上，需注意的為 L 型 PU 塗料容易變黃，不適合白色等淺色的塗裝用，欲防止黃變發生，須使用 N 型或 NN 型 PU 塗料。

圖片提供＿虹牌油漆

受保護的材質可防霉、防腐，表面不易產生龜裂、翹曲、脫落或退色。

## 工法一
### 金屬施工順序 Step

|1| 基面處理 ▶ |2| 將主劑與硬化劑調和 ▶ |3| 塗佈聚氨酯漆

※ 塗刷次數依施工實際情況而定。

---

 關鍵施工拆解

**Step 1
基面處理**

被塗物表面之水份、油脂、污泥、灰塵、鐵鏽及腐蝕性鹽類等附著物,必須先清理乾淨。

**Step 2
將主劑與硬化劑調和**

以特殊聚醇樹脂(Special polyol Resin)為主劑(A 劑),加入適量比例之不變黃聚異氰酸酯(Polyisocyanate)硬化劑(B 劑),兩者相互混合均勻,構成二液型高膜厚聚胺基甲酸酯有色面漆。

**施工要點**

塗料使用時,必須依製造廠商之配比混合,並使用專用調薄劑稀釋,否則將會影響其特性及硬化效果,亦將不能發揮其塗膜最佳功能。

**Step 3**
**塗佈聚氨酯漆**

噴塗最低乾膜膜厚建議 60um 以上，確保良好遮蓋力。

圖片提供＿虹牌油漆

**施工要點**

大部分塗裝均採用噴塗方式（如需刷塗或滾塗，必須另行訂製，以避免產生氣泡），且一次噴塗厚度不可太厚（可達 80~100um）否則極易產生氣泡，施工時需有效管制。

**驗收要點**

光澤度高表面平滑美觀。

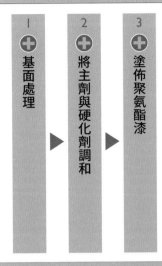

## 工 法 二
## 木作施工順序 Step

1 基面處理

2 將主劑與硬化劑調和

3 塗佈聚氨酯漆

※ 塗刷次數依施工實際情況而定。

### ➕ 關鍵施工拆解 ➕

**Step 1**
**基面處理**

被塗木面之油脂、灰塵、木屑等附著污物應清除乾淨,如表面粗糙時,應先用 #180～#240 砂紙研磨,再用壓縮空氣吹乾淨。

**Step 2**
**將主劑與硬化劑調和**

以聚醇樹脂(Polyol Resin)為主劑(A 劑),加入適量比例之聚異氰酸脂(Polyisocyanate)硬化劑(B 劑),兩者相互混合均勻,構成之二液型木材頭度底漆。

**Step 3**
**塗佈聚氨酯漆**

由於受混合可使用時間的限制,混合後必須在限定之時間內用完,否則漆料將硬固無法使用。

**驗收要點**

乾燥快並能與木材纖維結合為堅牢基面,能有效抵制木材吐油、加強上層漆之附著性。有效防止木材龜裂與木面之污染。

# 環氧樹脂
# 金屬用

**30 秒認識工法**

| 所需工具 | 噴槍
| 施作天數 | 1 天
| 適用底材 | 金屬表面

---

耐酸鹼、耐磨耐髒污

---

☐室內天花板 ☐室內牆壁 ☐室外屋頂 ☐室外牆壁
☐地坪 ■金屬 ☐木材 其他：＿＿＿＿＿＿

---

**施工準則**
主劑及硬化劑必須按規定比例均勻調合

---

由環氧樹脂（Epoxy Resin）及特殊硬化劑，配以耐化學性顏料精製而成之二液型重防蝕面漆。多用於水泥製品及鋼管、鋼架、橋樑、工廠設施等鋼鐵構造物用的防蝕面漆。本身具有耐酸鹼、耐磨耐髒的特性，可作爲塗料，塗佈於水泥粉光、漆面的表面，形成一道保護層，增加原有牆面或地面的抗污性。也可因應環境需要而添加不同材料來達到防腐、耐酸、抗電等效果，而在居住空間中，可根據需求客製所需的顏色。

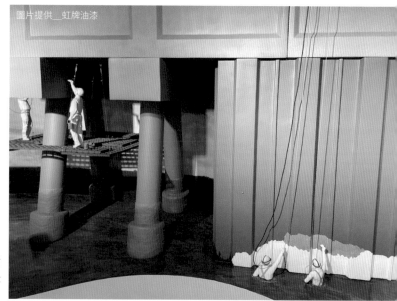

圖片提供＿虹牌油漆

Epoxy 具有耐酸耐鹼，防塵耐刷洗的功效，質地堅實，事後保養也容易。

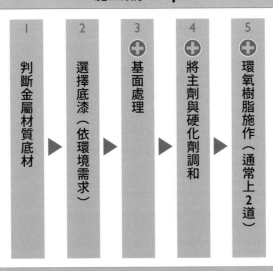

工 法 一
施工順序 Step

1 判斷金屬材質底材

2 選擇底漆（依環境需求）

3 ✚ 基面處理

4 ✚ 將主劑與硬化劑調和

5 ✚ 環氧樹脂施作（通常上2道）

※ 塗刷次數依施工實際情況而定。

 關鍵施工拆解

**Step 3**
**基面處理**

被塗物表面之水份、油脂、污泥、灰塵、鐵鏽及腐蝕性鹽類等附著物，必須先清理乾淨。

**Step 4**
**將主劑與硬化劑調和**

以環氧樹脂為主劑（A劑），加入適量比例之聚醯胺（Polyamide）或聚胺類（Polyamine）硬化劑（B劑），兩者相互混合均勻後使用。此型塗料於使用時，必須按製造廠商規定之比例混合且攪拌均勻。

**Step 5**
**環氧樹脂施作**
**（通常上 2 道）**

由於受混合可使用時間（Pot life）的限制，混合後必須在限定之時間內用完，否則漆料將硬固無法使用。

**施工要點**

1. 陰雨或大氣相對濕度在 85RH 以上時，應避免施工，尤以表面潮濕時，必須使之完全乾燥。
2. 於儲槽內施工時，應注意予以充分通風。

**驗收要點**

漆膜表面，長久被陽光照射會有粉化現象（避免曝曬），這不影響漆膜品質。

# 防鏽漆

**30 秒認識工法**

| 所需工具 | 噴槍
| 施作天數 | 1 天
| 適用底材 | 金屬表面

## 鋼鐵構造物良好之防鏽底漆

☐室內天花板 ■室內牆壁 ☐室外屋頂 ■室外牆壁
☐地坪 ■金屬 ☐木材 其他：＿＿＿＿

**施工準則**
疊層塗裝時必須等待下層漆膜完全乾燥後，始可施工

防鏽底漆是使用於鋼鐵或其他金屬類製品上之底漆，以防止其底材之氧化腐蝕。大部份是以醇酸樹脂系（Alkyd Resin）、苯酚樹脂系（Phenolic Resin）、氯化橡膠系（Chlorinated Rubber）、環氧樹脂系（Epoxy Resin）、氯乙烯樹脂系（Vinyl Resin）、矽酸脂類（Ethyl Silicate）等為主體，再配合各種防鏽顏料，如：氧化鐵、雲母片狀氧化鐵（M.I.O.）、鋁粉、鋁漿、鋅粉、紅丹、鋅鉻黃、磷酸鋅、三聚磷酸鋁、氧化鉛、一氧化二鉛、氧化鉛等一種或數種以上調製而成，其防鏽效果需視樹脂種類、防鏽顏料以及附著力等特性而定。防鏽底漆之乾燥時間則視樹脂種類而定，一般約 6 小時不等，塗裝厚度太厚時，將影響乾燥時間。

圖片提供＿＿虹牌油漆

受保護的材質可防腐，增加附著力。

## 工 法 一
## 施工順序 Step

1 ➕ 基面處理

▶

2 ➕ 防鏽漆施作（通常上2道）

※ 塗刷次數依施工實際情況而定。

---

 **關鍵施工拆解** ➕

**Step 1**
**基面處理**

被塗表面之水份、油脂、鐵鏽、污泥、損毀或鬆懈漆膜及腐蝕性鹽類等附著污物，要清除乾淨，以確保油漆之防護功能。

**Step 2**
**塗佈防鏽漆施作（通常上2道）**

使用前油漆要充分攪拌均勻，並避免多餘的稀釋，以防漆膜厚度不足，而降低了附著力與防鏽力性能。

圖片提供＿虹牌油漆

圖片提供＿虹牌油漆

### 施工要點

1. 油漆如太稠時，可酌加調薄濟調薄，但以不超過規定量為原則。

2. 底層塗料（防鏽底漆）與上層塗料（中塗漆、面漆）之塗裝，具有選擇之相容性，使用不當或誤用時，漆膜會產生裂痕、起皺、起泡、剝落、不乾等現象，為避免發生上述現象，其簡單之原則為上、下層塗料選用相同樹脂系統或以稀釋劑溶解力較弱者為上層。

# 浪板漆

## 30 秒認識工法

| 所需工具 | 噴槍、鋼刷、電動鐵刷
| 施作天數 | 1 天
| 適用底材 | 彩鋼板、浪板鐵皮等金屬
材質

修復翻新老舊鐵皮，增加使用年限

☐室內天花板 ☐室內牆壁 ☐室外屋頂 ☐室外牆壁
☐地坪 ■金屬 ☐木材 其他：＿＿＿＿＿

**施工準則**
徹底除鏽後再上 1 ～ 2 道，發揮最佳防護效果

頂樓加蓋、工廠、臨時建築中，常見浪板鐵皮這種板材的運用，其常見材質有鍍鋅板、鋁鋅板、鋁鎂鋅板、不鏽鋼等，價格、防鏽能力與使用年限都有所不同。而浪板漆是專為了浪板鐵皮研發的塗料，由高耐候型樹脂與高耐候型顏料所組成，具有非常好的耐候性，能為浪板修復、翻新，延長使用期限。雖然浪板漆本身就具有防鏽功能，但如果施作物表面已經生鏽的話，一定要先徹底除鏽才能施作，否則就算塗裝完成，沒清乾淨的鏽還是會蔓延擴散。除鏽後再上一層防鏽底漆（請依照產品建議挑選正確底漆），達到穩固美觀的效果。

圖片提供＿＿鯤承油漆工程

在高處施作浪板漆的塗佈時，務必注意安全。

## 工 法 一
### 施工順序 Step

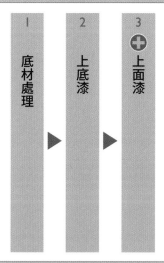

| | | |
|---|---|---|
| 1 | 2 | 3 ✚ |
| 底材處理 | 上底漆 | 上面漆 |

※ 塗刷次數依施工實際情況而定。

 關鍵施工拆解 ✚

**Step 3
上面漆**

將浪板漆以適量調薄劑加以稀釋攪拌後,邊過濾邊倒入噴槍中避免卡漆,再噴塗 2 道,注意若厚塗的話可能導致表乾但內層不乾的情況,進而影響附著力,或產生起泡、起皺現象。每一道都要等待完全乾燥後才進行下一道。於立面進行噴漆作業時從上往下施作。

**施工要點**

1. 如果底材很光滑,可以先稍作打磨增強附著力。
2. 施工後注意避免疊放、重壓板材,以防回黏情況。

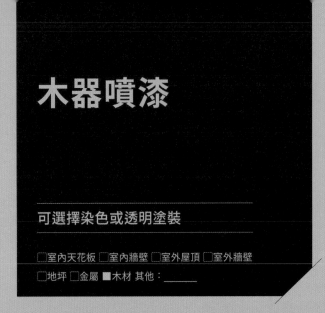

# 木器噴漆

## 可選擇染色或透明塗裝

□室內天花板 □室內牆壁 □室外屋頂 □室外牆壁
□地坪 □金屬 ■木材 其他：_____

**30 秒認識工法**

| 所需工具 | 噴槍、毛刷、棉布、砂磨機（視施作面積而定）、各類砂紙 |
| 施作天數 | 1～2 天 |
| 適用底材 | 木作表面 |

### 施工準則
噴塗二度底漆後以機器粗磨，再噴一次二度底漆，以砂紙細磨，反覆 N 次，木質表面更細緻

居家中不少木作表面如天花板、牆面、地板或木傢具，會利用木器漆來爲木建材作保護，也延長使用壽命。木器漆可分爲水性、油性及天然護木油三類，水性木器漆主要成分爲水性樹脂、水及添加劑，能夠在木製品上形成保護膜、提升耐磨度；油性木器漆常見的有 NC（硝基漆）以及 PU（聚氨酯漆）兩大類，是最普遍的木器塗料，隨著各大廠商不斷研發，如今也愈來愈環保，但施工時仍要注意會有刺鼻的味道以及使用溶劑、硬化劑的延伸問題。上漆的工法可運用手刷或噴塗兩種工法，不過大多都會使用噴漆，才能確保表面平整、顏色深淺一致。表面塗裝可分類爲透明塗裝與染色塗裝，前者保留木材原有的顏色紋理，後者能進一步選擇保留木紋顯現的半透明或色彩飽和、不顯現木紋的全蓋色。

圖片提供__德寶塗料

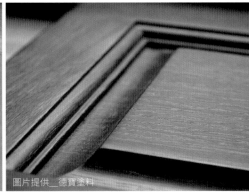

圖片提供__德寶塗料

木漆噴漆可以選擇透明塗裝與染色塗裝，差別在於是否染色的工序。

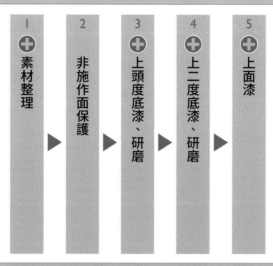

工 法 一
透明塗裝施工順序 Step

| 1 素材整理 | 2 非施作面保護 | 3 上頭度底漆、研磨 | 4 上二度底漆、研磨 | 5 上面漆 |

※「上頭度底漆、研磨」會視實際木材狀況決定是否施作。

 關鍵施工拆解

**Step 1
素材整理**

先將木材表面清潔乾淨，舊漆膜可用去漆劑或砂紙將舊有漆膜完全磨除乾淨，並檢查是否有明顯刮痕，如果有刮痕則需進一步補土填平。待補土乾燥後，再以 #150 或 #180 砂紙將表面砂磨平整，去除表面多餘補土、霉菌和污漬。

**施工要點**

若需使用去漆劑，完成後務必水洗並等待完全乾燥後才可以重新上漆，否則會有乾燥不良現象。

**監工要點**

砂磨後仔細檢查表面有無纖維毛、污垢與顆粒，手觸素材表面會有一點平滑感即可。

## Step 3
### 上頭度底漆、研磨

頭度底漆主要用於封油綁底，可以改善木材與塗膜的附著性，固定木材中水分，並抑制木材樹脂的滲出吐油，像是檀木、檜木、柚木等都是油脂較多的木材，便需要先上一層頭度底漆控制木材油脂，以免油漆無法長期附著。將頭度底漆稀釋、降低黏度後，在素材表面噴塗一層，讓頭度底漆能充份滲入材面，靜置 1～2 小時讓漆膜乾燥後，再利用 #240～#320 的砂紙輕輕砂磨，將表面較粗的地方輕輕磨過即可。

圖片提供＿德寶塗料

### 施工要點

1. 噴漆時注意順序，較好判斷噴過與未噴過的地方，且移動速度要適中，若希望漆厚可以放慢速度，反之則加快速度。
2. 頭度底漆施作後若放置隔天，效果會更好。
3. 頭度底漆因為薄塗的關係，漆膜並不厚，因此砂磨要格外小心，針對表面較明顯的顆粒做處理即可，避免傷到材面或是著色處。
4. 砂磨時順著木紋方向進行，砂磨完成後表面粉末務必清理乾淨才進行下一道工序。

**Step 4
上二度底漆、研磨**

頭度底漆施作後，木材仍然會有導管孔隙，便需要使用二度底漆滲透封填導管，以得到光滑平整的塗膜層，讓面漆平整光亮。將二度底漆依照比例稀釋後，平均地噴塗在素材上，通常會施作 2～3 道。二度底漆每次重複噴塗，都需要先經過砂磨，最後形成的漆膜結構才會平整、穩固，因此需要反覆進行二度底漆→砂磨→二度底漆→砂磨……的工序直到完成。二度底漆的砂磨建議使用 #240～#320 的砂紙。

圖片提供＿德寶塗料

**Step 5
上面漆**

將面漆依比例稀釋後，均勻地噴塗在素材上。通常會施作 1～2 道，每次待漆自然陰乾後再進行下一道。

圖片提供＿演拓空間室內設計

**施工要點**

木器漆若一次塗太厚，容易發生表面乾了、但裡層不乾，甚至可能會有反白情形產生，因此要分道上漆。

165

# 深色塗裝施工順序 Step

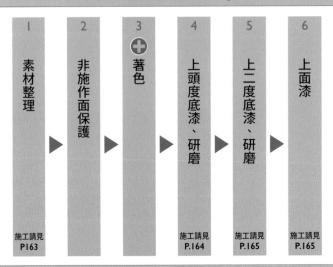

| 1 | 2 | 3 | 4 | 5 | 6 |
|---|---|---|---|---|---|
| 素材整理 | 非施作面保護 | ⊕ 著色 | 上頭度底漆、研磨 | 上二度底漆、研磨 | 上面漆 |
| 施工請見 P.163 | | | 施工請見 P.164 | 施工請見 P.165 | 施工請見 P.165 |

※「上頭度底漆、研磨」會視實際木材狀況決定是否施作。

---

## ⊕ 關鍵施工拆解 ⊕

**Step 2
著色**

將著色劑依照油性、水性進行稀釋,充分攪拌混合後,建議先塗抹在同樣材質的木板上,確認是否是正確的色澤。顏色決定後,使用毛刷順著木紋平均地塗抹在素材上,要注意盡可能均勻,避免需要多刷一次導致色澤變得更深。塗佈後靜置幾秒鐘讓毛孔吸收,再用棉布輕輕地擦拭均勻。

圖片提供＿德寶塗料

**施工要點**

1. 著色劑稀釋劑加得愈多，色澤就愈淺；如果想要深色塗裝，應減少稀釋劑添加量。
2. 用毛刷沾著色劑後，可將毛刷在容器邊緣稍壓，使毛刷上的著色劑不會滴落。
3. 如果覺得色澤不夠深，可重複進行塗刷→擦拭步驟，使顏色更加飽和。
4. 要注意如果是用香蕉水稀釋著色劑，乾燥速度會較快，施工時也需要快速擦拭。

# 戶外護木漆

**30 秒認識工法**

| 所需工具 | 噴槍、砂紙機（視施作面積而定）、各類砂紙
| 施作天數 | 2 ～ 3 天
| 適用底材 | 戶外木製品、原木外牆、木地板、木造屋頂、木圍籬、木棧道、木遮陽棚等室外木製設施

噴塗時要注意風向、風力問題

☐室內天花板 ☐室內牆壁 ☐室外屋頂 ☐室外牆壁
☐地坪 ☐金屬 ■木材 其他：＿＿＿＿＿

**施工準則**
噴完待表乾按壓無指痕後，才可再進行塗佈

戶外護木漆爲能運用在室外的木器漆，能爲木材帶來良好的防護作用，使其不易發霉、腐蝕或者因爲高溫乾燥環境而產生龜裂、翹曲、脫落或褪色等情形，藉此增加使用年限。一般上，戶外護木漆以噴漆施作時，雖然速度較快，但容易受到室外環境的影響（如風大、灰塵），並且較消耗材料，因此施作時要注意風向、風力以及落塵問題。

圖片提供＿德寶塗料

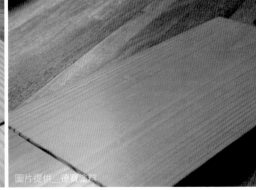

圖片提供＿德寶塗料

戶外護木漆雖然有透明的選擇，不過建議施作在室外還是挑選有色的，防護力較持久。

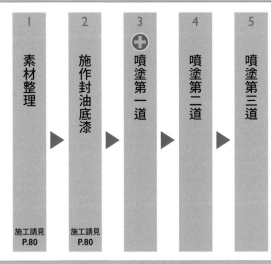

工 法 一
施工順序 Step

※ 高油脂的木材建議先進行「施作封油底漆」處理；塗裝次數則視需求調整。

 關鍵施工拆解

**Step 3
噴漆第一道**

將塗料充分攪拌，使顏色均勻後，均勻地噴塗於表面，待乾燥確實硬化後再塗裝下一道。建議第一道加水稀釋約 5 ～ 10% 以利施工及增加對木材滲透性；第二道後可原液施作。

**施工要點**

1. 不同廠牌產品的塗裝間隔時間不同，短至 30 分鐘、長至 12 小時，請參考說明使用。
2. 木地板上漆時盡量以一片爲單位來塗，以免產生接痕，造成漆色不勻的問題。如有局部擦損處則可用砂紙輕磨後再補漆卽可。

# 木器烤漆

### 反覆噴塗研磨打造烤漆質感

☐室內天花板 ☐室內牆壁 ☐室外屋頂 ☐室外牆壁
☐地坪 ☐金屬 ■木材 其他：＿＿＿＿＿

**施工準則**
二度底漆反覆施作 N 道，完全填平再上亮光漆

烤漆是一種廣泛應用在汽車、傢具、玻璃的噴塗工藝，是將物品打磨到一定粗糙程度後，再噴上多層油漆後經高溫烘烤定型，雖然步驟繁複，但完成後的光澤度高，顯得亮麗美觀。室內裝修中許多門片、面板都經過烤漆處理，由於製造環境必須無塵且需要專業器械，大多在工廠中產出完成。不過，室內裝修現場透過反覆噴塗、研磨，即使未經高溫烘烤，一樣能造就彷若鋼琴表面光澤感的「鋼琴烤漆」。一般上，現場施作的木器烤漆會使用雙液型、硬度較高的 PU 漆來施作，將木材表面所有孔隙填平後，再藉由厚塗膜加強厚重感，創造出鏡子反射般的高光澤效果。

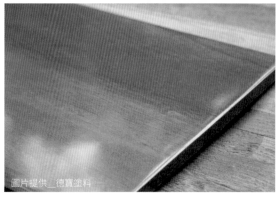
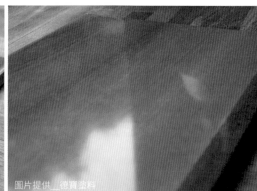

圖片提供＿德寶塗料　　　　圖片提供＿德寶塗料

透過工序反覆進行，現場也能打造出鋼琴烤漆般的效果。

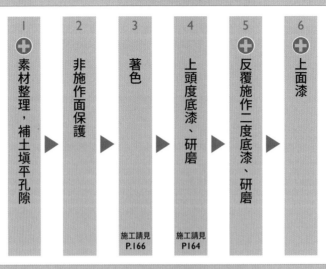

**工 法 一**
**施工順序 Step**

| 1 | 2 | 3 | 4 | 5 | 6 |
|---|---|---|---|---|---|
| ➕ 素材整理，補土填平孔隙 | 非施作面保護 | 著色 | 上頭度底漆、研磨 | ➕ 反覆施作二度底漆、研磨 | ➕ 上面漆 |
| | | 施工請見 P.166 | 施工請見 P164 | | |

※「著色」會視實際需求決定如何施作。

---

➕ **關鍵施工拆解** ➕

**Step 1**
**素材整理，補土填平孔隙**

將木材表面清潔乾淨，再使用 #180～240 砂紙，將木材纖維毛及不平整的地方磨平，並使用補土將木紋孔隙填平，待補土乾燥後，再以砂紙去除表面多餘補土。

**施工要點**

砂磨時，先用較粗的砂紙磨平表面不平之處，再使用細砂紙仔細砂磨成平滑材面。砂紙需依照號數慢慢往上使用，避免一次跳太多，造成砂痕不易去除。

二度底漆能封填導管，若想作封閉式塗裝，可以反覆施作二度底漆→砂磨→二度底漆→砂磨的工序達 N 道，直到毛孔完全填平為止。每次上二度底漆前，都要使用 #240 ～ #320 的砂紙徹底砂磨，最後才能有完全平滑的塗膜。

圖片提供＿德寶塗料

**Step 6**
**上面漆**

將面漆依比例與溶劑稀釋後,均勻地噴塗在素材上。通常會施作 2 ～ 3 道,為了追求完成面光滑效果,會使用 #1000 ～ #2000 的水砂紙進行細磨,利用砥木壓住砂紙,輕輕地磨過表面去除顆粒與橘皮即可。如果希望呈現鋼琴表面光澤感,面漆應選擇亮光漆;若想要霧面質感,則最後再上一層消光漆。

圖片提供__德寶塗料

**施工要點**

消光面漆若厚塗,容易造成消光度的不均勻。

# CHAPTER 4.

# 特殊塗裝

科技日新月異，如今塗料的表現不再像傳統單色塗料，大多只能營造出單一、相對呆板的效果，而是能夠透過工法的堆疊、材料的混合運用、加工工藝的不同，創造出多樣化的紋理，甚至可以仿石材、仿水泥、仿金屬等等。不過，也因為要達成特殊裝飾效果，其工法相較起來更複雜，不是單靠刷塗、滾塗或噴漆單一手法即能完成。在這個章節中，羅列了愈來愈受到消費者喜愛的無縫地坪、藝術塗料等特殊塗裝工法。

※ 本書記載之工法以正常情況為主，實際情況會依現場施工情境而異。

※ 首次接觸的塗料建議諮詢品牌廠商後再進行施工。

專業諮詢__鍊達實業、鉅程設計、瓦薩里藝術塗裝工程行、秝禾鑫塗裝藝術工作坊、錦城國際、鈴鹿塗料

# 環氧樹脂 地坪

確實整平地面，確保無接縫

☐室內天花板 ■室內牆壁 ☐室外屋頂 ☐室外牆壁
■地坪 ☐金屬 ☐木材 其他：＿＿＿＿

## 30 秒認識工法

| 所需工具 | 鏝刀、滾輪、推平器、磨砂機、攪拌機 |
| 施作天數 | 7 ～ 10 天 |
| 適用底材 | 水泥粉光面、磁磚面、磨石子地、大理石地板等 |

**施工準則**
事前緊閉門窗，施作期間需避免蚊蟲進入掉落地面，才能確保完成面的平整

環氧樹脂，也就是所謂的 Epoxy。本身具有抗酸鹼、耐磨耐髒、一體成型無接縫易清理等特性，通常會塗佈於水泥粉光的表面，形成一道保護層，或是直接作爲地坪施作。Epoxy 的施工面須注意是否有裂縫或水平問題，地坪需事先整平乾淨。若原本爲地磚或大理石地板，可直接施工覆蓋，但若是木地板的情況則需拆除再施作。施工的步驟大致可分成三個部分：底塗、中塗和面塗，若要增加玻璃纖維網、銅線等特殊功能，在底漆完成後施作即可。Epoxy 以 A 劑（主材）和 B 劑（硬化劑）混合凝固後要馬上施作，避免乾硬，因此每一層的施塗，不論坪數多寡都需在一天內完成，不能分開施工，否則就會產生接縫。面漆的施作主要分爲厚塗型的「流展法」以及薄塗型的「薄塗法」兩種類型。

圖片提供＿本晴設計

Epoxy 地板完工後建議需放置 3 ～ 7 天以提升材質穩定度。

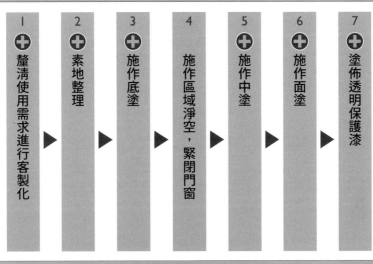

## 工 法 一
### 施工順序 Step

| ✚ 1 釐清使用需求進行客製化 | ✚ 2 素地整理 | ✚ 3 施作底塗 | ✚ 4 施作區域淨空，緊閉門窗 | ✚ 5 施作中塗 | ✚ 6 施作面塗 | ✚ 7 塗佈透明保護漆 |

※ 若要增加玻璃纖維網補強，在底漆完成後施作即可。

---

### ✚ 關鍵施工拆解 ✚

**Step 1
釐清使用需求進行
客製化**

Epoxy 隨著使用材料、施作厚度等的不同，能夠滿足業主各種使用需求，也影響工法與施工過程的細節。在設計工法前，必須先了解日後的使用情況，如地坪是否會有車輛行走？需要承受多大的荷重？會不會常有物品撞擊地面？是否需要防滑？對耐酸鹼、耐溶劑的需求等等，充分考量安全、外觀等面向後才開始著手施工。

#### 施工要點

Epoxy 施作時必須精密，若失敗則無法拆除部分區域重做，會產生接縫問題。因此在施工期間必須先將門窗緊閉，避免蚊蟲、沙塵進入，一旦在未乾凝的階段有蚊蟲附著，就需全面拆除該塗層再重新施作。

**Step 2
素地整理**

Epoxy 的施作面著重平整，素地平整度對完成面有很大的影響，因此需處理水平和裂縫問題。處理素地時，除了清除素地表面的各種污垢、粉塵外，裂縫、凹凸不平處也要修整。若為水泥地坪，由於容易產生裂痕進而影響到 Epoxy 的完成面，需將裂縫先擴大切除，再以水泥砂填補裂縫後待乾；若為磁磚地，則需先覆上一層水性的樹脂底材，將磚縫全面整平，待 3～5 天的養護後再繼續施工。最後，以磨砂機製將素地表面磨至粗糙程度，以利塗膜對素地的接著性。

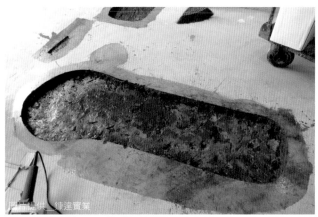

圖片提供＿鍊達實業

圖片提供＿鍊達實業

**施工要點**

磁磚面如果有脫層、空鼓的現象，也可以用裂縫灌注的方式進行修補。

**Step 3
施作底塗**

將 Epoxy A、B 兩劑依照產品說明的比例，精準確實地混合，注意若配比錯誤，有可能出現無法乾凝的情形，便需要挖除重做，原則上底塗會比中塗更加稀釋，才能更好地吸入面材的毛細孔中。底塗施作一般上使用滾輪大面積塗佈，使 Epoxy 與素地完全滲透密合。之後進行地面的批補作業，將原始地面的坑洞利用 Epoxy 填補起來。

圖片提供＿鍊達實業

**施工要點**

1. Epoxy 是由 A 劑和 B 劑混合而成，一旦混合將開始乾硬，需盡速施作。
2. Epoxy 的底塗、中塗和面塗常見的有「全油性」（全使用油性 Epoxy）以及「水水油」（部分使用水性樹脂砂漿、水性底漆）的選擇，前者耐壓性高，但對素地的要求更高；後者重壓下容易裂開。可視需求與場地的功能性選用。
3. 陰雨或大氣相對濕度達 80% 以上時，應避免施工。

**Step 5**
**施作中塗**

利用鏝塗方式進行 Epoxy 的中塗,這個階段主要是作出厚度(視需求而定,常見厚度爲 1 ～ 5mm,約塗佈 1 ～ 2 層),地坪耐重壓程度也取決於這個環節。除了 AB 劑混合外,也會視情況加入砂或粉提升強度。中塗完成後,需再進行研磨,磨除小石礫外,也增加面漆的接著強度。

圖片提供＿鎮達實業

**Step 6**
**施作面塗**

流展法的面塗主要以鏝刀進行,可依照需求與喜好上色,完成厚度約爲 3 ～ 5mm。薄塗法則以滾輪施作,若是彩度跟明度比較高的色系如藏金黃,考量其遮蓋率較差,便需要滾塗 2 至 3 道,完成的面材比較漂亮。

**監工要點**

1. 常溫情況下,施工後 24 小時會表乾,2 ～ 3 天卽可達到實乾。
2. 確認地坪表面沒有出現發黏、雜質、氣泡、缺口等瑕疵,且顏色均一。

**Step 7**
**塗佈透明保護漆**

最後,在 Epoxy 完成面再上一層透明保護漆,作爲保護層。若需要作止滑面,可在塗佈完還沒乾燥前,在完成面上散佈砂粒,如輕質砂、石英砂或更粗糙的金剛砂(通常用在停車場等地方),最後再滾塗一次即完成。

圖片提供＿鍊達實業

圖片提供＿鍊達實業

**監工要點**

表面橘皮、止滑效果明顯。

# 優的鋼石

## 多道工序降低開裂風險、提升接著力

☐室內天花板 ■室內牆壁 ☐室外屋頂 ☐室外牆壁
■地坪 ☐金屬 ☐木材 其他：＿＿＿＿＿

**施工準則**
每道工序都要提供充足時間養生

優的鋼石以德國 Wacker 水泥材質為基礎材料，和水泥相比具有無收縮特質，不會因熱脹冷縮而在表面形成龜裂，因此可維持表面的平整。其施工主要是靠鏝刀一道一道地層層塗佈，因此可以做出如雲彩般的天然紋路，呈現不規則的圖案，有著獨特自然的手作紋理。

優的鋼石最常用於無縫地坪，但其實室內壁面、檯面也能作為裝飾材使用，適合施作在室內水泥、磁磚、木夾板表面，不同表面的工序以及進場時間會有所不同，不過施工期間都不能有其他工種進場，因為地面需要養生固化 6 ～ 8 天的時間，必須管制人員進出。由於是水泥基底，加上底材水泥面可能裂開影響表層等原因，依案場素地情況和施作環境而定，可以選擇結構補強以及搭配玻璃纖維抗裂的方式，避免完工後出現優的鋼石脫裂的情形。

圖片提供＿鉅程設計

圖片提供＿鉅程設計

優的鋼石養護時間比水泥快速，施工完成 7 天後即可進入。

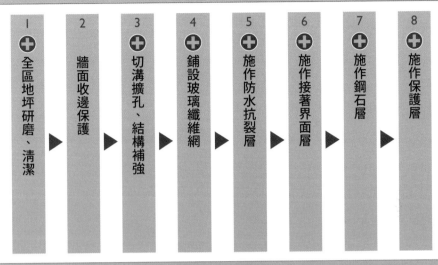

工 法 一
水泥地面施工順序 Step

| 1 全區地坪研磨、清潔 | 2 牆面收邊保護 | 3 切溝擴孔、結構補強 | 4 鋪設玻璃纖維網 | 5 施作防水抗裂層 | 6 施作接著界面層 | 7 施作鋼石層 | 8 施作保護層 |

※「切溝擴孔、結構補強」、「玻璃纖維鋪設」工序爲選配工程，視現場狀況與需求有所不同。

### ✚ 關鍵施工拆解 ✚

**Step 1
全區地坪研磨、清潔**

水泥粉光地坪面施作優的鋼石前，需先使用磨砂機將施工面全面研磨，才有利於良好的接著。若要重做地板的水泥粉光地，新舊水泥接著劑建議採用益膠泥當成接著層，黏著性更好，降低後續出現膨管現象，並養護 28 天以上，含水率揮發至 5% 以下再施工。施作開始前，水泥表面需要呈現微粗面的狀態，並將粉塵或脫落砂粒徹底吸除乾淨。

圖片提供＿＿鎌達實業

**Step 3**
**切溝擴孔、結構補強**

素地的狀況是施工優的鋼石最重要的條件。無論新作或舊有水泥面，都會產生細裂縫，若粉光施工工法不正確更可能導致較寬的裂縫或是膨管的發生。為了避免優的鋼石的完成面受影響，採電鑽切溝擴孔的方式處理裂縫，再以「點補強」、「線補強」方式將結構膠灌注，完全滲透膨管底部進行結構補強，養護約 12 ～ 18 小時後會完全硬化。

圖片提供＿鍊達實業

圖片提供＿鍊達實業

**Step 4**
**鋪設玻璃纖維網**

一般建議優的鋼石施作在潮濕區域如衛浴空間，或是水泥牆面直鋪時，底層搭配 FRP 玻璃纖維工法強化吸濕抗裂；或是 10 年以上老屋翻新的案場，不清楚原有地下水電配管情況，無法用點補強鑽洞灌注方式時，可以玻璃纖維補強取代，與素底完全貼合。鋪陳玻纖網後，要再上一層防水材，且防水材需有效填滿孔隙。隔日，再將突起纖維磨除。

圖片提供＿鍊達實業　圖片提供＿鍊達實業

**施工要點**

鋪陳玻纖網後隔日，要將突起纖維磨除，才能進行下一道施工。

**Step 5**
**施作防水抗裂層**

使用合成樹脂做防水抗裂層塗佈一層，增強表面結構強度，避免未來因地震導致水泥底部龜裂而開裂到表面或導致脫層。放置 1 ～ 2 天後，若有比較凹陷處，可以批土施作，將其補平。

**Step 6**
**施作接著界面層**

在表面再施作一層粗面的接著界面層，如水性樹脂底漆增加接著力，這一道工序是中塗層的前置塗層。

**Step 7**
**施作鋼石層**

依照正確比例將優的鋼石的鋼石骨材與母料攪拌均勻後，開始施工，使用鏝刀與刮刀均勻塗佈。可依據空間中的動線，去手作出適當的紋理。施工完鋼石層，依據季節與現場環境，需要養護 6 ～ 8 天等待固化。

圖片提供＿鎌達實業

**施工要點**

優的鋼石水泥基材採氣養生方式，一週即可達超 3500 磅以上，且水泥特性靜置愈久，強度會愈來越高，完工後約兩週，材料強度可達 6000 磅。

**Step 8**
**施作保護層**

優的鋼石乾燥後，施作 3 道水性奈米面漆打磨拋光再靜置 24 小時，最後在外層予以鍍膜好達到防水、防油汙的效果處理。

圖片提供＿鎌達實業

**施工要點**

1. 優的鋼石表面拋光處理檢視施作面無任何雜物附著後，隨即以 3M 金鋼砂菜瓜布與細砂紙行拋光處理。
2. 優的鋼石無縫地坪完成後，若還有其他工種要進入，請務必做好保護措施，避免嚴重污染或破損，影響一體成形地坪整體效果。建議完工後地板先舖上一層 PVC 塑膠布與木板，甚至再加一層塑膠瓦愣板做爲防護。

工　法　二
磁磚地面施工順序 Step

| 1 ✚ 磁磚面研磨、清潔 | ▶ | 2 牆面收邊保護 | ▶ | 3 ✚ 磁磚面整平 | ▶ | 4 ✚ 施作接著界面層 | ▶ | 5 施作鋼石層 施工請見 P.186 | ▶ | 6 施作保護層 施工請見 P.186 |

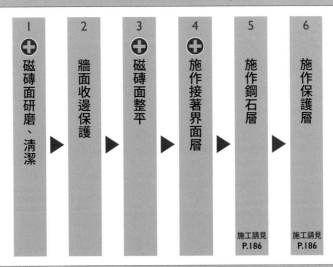

✚ 關鍵施工拆解 ✚

**Step 1**
**磁磚面研磨、清潔**

在磁磚面上施作優的鋼石，磁磚需為狀況良好，沒有空鼓或鬆脫現象。原有磁磚保留的情況，建議分兩期工程，第一期進場時間在水電退場、木作進場前，使用鑽石刨刀機研磨磁磚面，使其表面磨粗，以利於接著，並將粉塵或脫落砂粒徹底清除。

圖片提供＿鎌達實業

**Step 3**
**磁磚面整平**

磨粗、清潔後，在磁磚面上一層約 2 ～ 3mm 的砂漿層做爲整平塗層，將磁磚縫隙全面塡平，也將平滑的磁磚面變爲粗糙。在通風良好的狀況下，需要約 3 ～ 5 天的養護期，才能達到磁磚整平層的完全乾燥。接著才讓後續工班進場。

圖片提供＿鍊達實業

**Step 4**
**施作接著界面層**

油漆工程退場、傢具進場前進入接下來的工序。在表面再施作一層粗面的接著界面層，如水性樹脂底漆增加接著力。

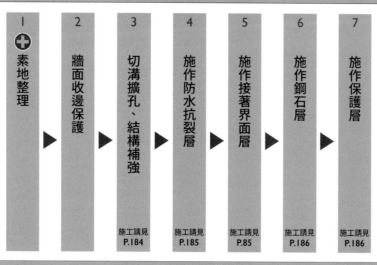

## 工 法 三
### 牆面與檯面施工順序 Step

| 1 素地整理 | ▶ | 2 牆面收邊保護 | ▶ | 3 切溝擴孔、結構補強 | ▶ | 4 施作防水抗裂層 | ▶ | 5 施作接著界面層 | ▶ | 6 施作鋼石層 | ▶ | 7 施作保護層 |
|---|---|---|---|---|---|---|---|---|---|---|---|---|
| | | | | 施工請見 P.184 | | 施工請見 P.185 | | 施工請見 P.85 | | 施工請見 P.186 | | 施工請見 P.186 |

※ 若爲水泥面，便需進行「切溝擴孔、結構補強」；如果是水泥碳纖板、夾板等底材，則直接從結構補強開始施作。

### ➕ 關鍵施工拆解 ➕

**Step 1**
**素地整理**

優的鋼石於牆面材完成厚度爲 1.5mm，建議施作基底爲木夾板，避免原有水泥粉光牆面龜裂影響表層美觀，透過平釘 2 分以上的木夾板，作爲抗裂的介質。進行平釘工程時，夾板面與水泥牆中間需要加入一層防潮布，且 2 塊板材的間隙須留 5mm，再用 AB 膠批縫抓平後全面批土，確保牆面平整。

圖片提供＿鋼達實業

**監工要點**

平釘木夾板完成後，以不會晃動爲主，且爲平整面。

# 磐多魔

著重在基面平整

■室內天花板 ■室內牆壁 □室外屋頂 □室外牆壁
■地坪 □金屬 □木材 其他：_____

**30 秒認識工法**

| 所需工具 | 刷具、滾輪刷、水平刀、高層刀、消泡滾筒、打蠟機、研磨機、砂紙 |
| 施作天數 | 7～8 天 |
| 適用底材 | 水泥、磁磚面 |

**施工準則**
不貪快、做好素地打底和乾燥作業，保障地坪長久使用

PANDOMO（磐多魔）以無收縮水泥為建材基礎，卻沒有水泥大面積施作時，易收縮、容易起砂、龜裂的缺點。它無接縫的呈現方式，能便於施作在畸零空間，並帶來視覺延伸放大效果。除了無縫地坪外，PANDOMO 系列產品也能施作在牆壁、天花板等表面。施作上，PANDOMO 屬於原料廠連工帶料的責任施工，承包商應於施工前 2 個月，檢送材料的型錄、樣品（含色樣）、證明書等，經業主或設計師確認核可再施工，並提供 1 年的保固服務。此外，因台灣屬環太平洋火山帶，地震偏多，為盡量降低 PANDOMO 完成面產生髮絲紋的可能性，對於施作基面之要求相對嚴格。

圖片提供＿本晴設計

磐多魔有獨特紋理，施工師傅的技法很重要，影響到紋理漂亮與否。

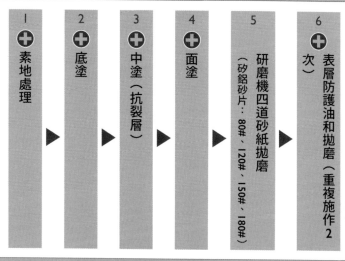

## 工 法 一
### 施工順序 Step

| 1 | 2 | 3 | 4 | 5 | 6 |
|---|---|---|---|---|---|
| ✚ 素地處理 | ✚ 底塗 | ✚ 中塗（抗裂層） | ✚ 面塗 | 研磨機四道砂紙拋磨（矽鋁砂片：80#、120#、150#、180#） | ✚ 表層防護油和拋磨（重複施作 2 次） |

※ 實際施工請現場情況爲主。

---

### ✚ 關鍵施工拆解 ✚

**Step 1
素地處理**

檢查素地狀態是否符合施工標準，否則須退回前製單位處理完成才能施作。水泥素地應予以整平，並養護 28 天達到完全乾燥與堅固平整；若是光滑面（地磚、水磨石、石英磚等），要先打毛粗糙，且不可有空鼓、脫皮或起砂等情形。

**監工要點**

1. PANDOMO 之底塗和中塗層都害怕水氣，素地一定要完全乾燥，避免日後產生氣泡隆起現象，影響 PANDOMO 表面出現裂痕。
2. 若遇空鼓、脫皮或起砂等問題，一般建議要拆除地坪重新鋪設。若有時間壓力，則可將地坪打洞再注入抗裂層材料（環氧樹脂和石英砂）加強結構，快速改善此一問題，但長期穩定性仍會較差。

**Step 2**
**底塗**

底塗目的在於增加 PANDOMO 的基材強度、提升塗層對基材的附著力。以滾塗或刷塗上一層無溶劑型環氧樹脂進行底塗，切記須注意均勻、厚薄一致。

**Step 3**
**中塗（抗裂層）**

利用不同等級之環氧樹脂施作中塗層，用鏝刀將其均勻塗布。在中塗層未開始硬化時，師傅手工於表面均勻灑上適量石英砂吃入塗層，待其硬化形成粗糙之表面，有效增加中塗層的厚度、硬度以及面漆的咬合度，多餘石英砂則以吸塵器清理乾淨。

**Step 4**
**面塗**

將 PANDOMO 骨材加入適量比例的色料水加以攪拌混合均勻，用高層刀將其均勻塗布使其厚度平均（約 5mm）。PANDOMO 骨材攪拌過程易有氣泡產生，可使用消泡滾筒來回數次滾動以減少骨材內之空氣氣泡後，再使用水平刀整平表面，避免完成面出現氣孔。經過 24 小時（視溫度及溼度而定）以上的乾燥後，即可進行表面研磨工作。

**施工要點**

PANDOMO 的表面平滑，但顏色紋路卻具立體感，其樣式除受施工手法、材質型號差異影響，色彩不同也會有所差異。一般來說，PANDOMO 顏色愈深，紋理也會愈明顯而立體，淺色則較清淺淡雅，建議廠商和業主之間須先溝通清楚，避免日後爭議。

**Step 6**
**表層防護油和拋磨**
**（重複施作 2 次）**

PANDOMO 完成面多少會有些氣孔，故須再塗上一層防護油，以達保護和防污功效。於拋磨完成的骨材表面，塗抹一層原廠防護石頭油（Stone Oil），待表面乾燥後，利用打蠟機進行拋光處理。之後重複一次保護油的塗佈與拋光工序，加強防護。

**施工要點**

1. 完工後，最好給予 3 ～ 7 天硬化和養護期，方可入住；若需提前，建議物品不可拖拉搬運，避免刮傷表面。
2. PANDOMO 表面若不慎刮傷，有淺層刮痕，可請廠商利用專用研磨機進行表面拋磨處理，即可恢復原樣，但若是嚴重破口，修復後仍多少會有新舊色差。

# 藝術塗料無縫地坪

## 微緻堅固溫潤質感打造無縫空間

☐室內天花板 ■室內牆壁 ☐室外屋頂 ☐室外牆壁

■地坪 ☐金屬 ☐木材 其他：＿＿＿＿＿

**施工準則**

屬積層工法，每一道工序都需確實完成，才能確保施工品質

無縫地坪可分成 Epoxy 系統、自平式水泥系統與積層工法系統，而使用藝術塗料的無縫地坪近年因其無縫特性、溫潤質感與自然手作波紋而廣受歡迎。藝術塗料無縫地坪屬於積層工法系統，將礦物質塗料一層層堆疊，以多達 12 道工序讓地坪硬度增加，可施作在水泥素地或浴室地板磁磚上。因成本較高，浴室若要全室施作價格不斐，通常以相近質感的礦物塗料施作在牆面營造一體感。無縫地坪雖然較為堅硬，但因附著在水泥或磁磚上，若底部產生裂縫，表層的無縫地坪一樣也會產生裂紋，尖銳物品碰撞也會產生刮傷或破洞，事後都能進行修補。

圖片提供＿＿秝禾鑫塗裝藝術工房　圖片提供＿＿秝禾鑫塗裝藝術工房

無縫地坪塗料可以創造生活與浴廁空間的無縫一體感。

## 工 法 一
## 施工順序 Step

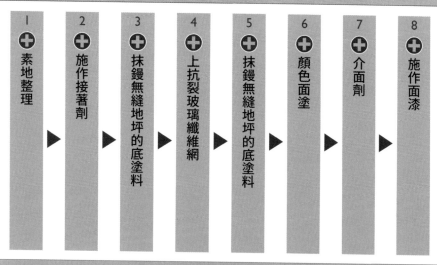

| | | | | | | | |
|---|---|---|---|---|---|---|---|
| 1 | 2 | 3 | 4 | 5 | 6 | 7 | 8 |
| ✚ 素地整理 | ✚ 施作接著劑 | ✚ 抹鏝無縫地坪的底塗料 | ✚ 上抗裂玻璃纖維網 | ✚ 抹鏝無縫地坪的底塗料 | ✚ 顏色面塗 | ✚ 介面劑 | ✚ 施作面漆 |

※ 依照不同品牌施作方式有所不同。

## ✚ 關鍵施工拆解 ✚

**Step 1**
**素地整理**

在防水工序完成後,將水泥素地或原有的磁磚縫隙整平,並清理乾淨及進行周邊非施作面的保護。

### 施工要點

若磁磚平整度佳無澎拱情況可直接施作,會較水泥素地不易產生裂紋,毛胚屋則再打一層水泥底再進行施作。

攝影__ Evan　施工__秝禾鑫塗裝藝術工房

**Step 2**
**施作接著劑**

先進行接著劑塗佈,讓無縫地坪塗料可以附著其上。

攝影__Evan 施工__秝禾鑫塗裝藝術工房

**Step 3**
**抹鏝無縫地坪的底塗料**

以鏝刀一刀刀將塗料批覆抹鏝,產生自然手作紋理,待乾燥後再進行相同程序,將塗料一道道堆疊其上。

**Step 4**
**上抗裂玻璃纖維網**

在塗層中貼佈玻璃纖維網,降低日後產生裂縫的可能性。

攝影__Evan 施工__秝禾鑫塗裝藝術工房

**Step 5**
**抹鏝無縫地坪的底塗料**

繼續抹鏝無縫地坪塗料工序至所需厚度。

**Step 6**
**顏色面塗**

依照所需效果進行顏色部分的面塗工序 2 道。

**Step 7**
**介面劑**

施作介面劑以加強固化材料之用。

**Step 8**
**施作面漆**

施作 2 道面漆進行最後的塗層保護工序。

**施工要點**

1. 養護過程要保留一週時間，千萬不能有人進出，以維持地坪平整度。
2. 浴室施作時先完成無縫地坪，再裝設馬桶浴缸。

**驗收要點**

1. 需注意地坪與牆面轉角的地方收邊是否良好。
2. 邊角是否有翹曲或剝落狀況。

# 銅鐵鏽類藝術塗料

---

利用自然反應創造鏽蝕感

---

☐室內天花板 ■室內牆壁 ☐室外屋頂 ☐室外牆壁
☐地坪 ■金屬 ■木材 其他：＿＿＿＿＿＿

**施工準則**
*反應劑的使用技法決定呈現出的質地與效果*

牆壁要呈現銅鐵鏽效果，目前坊間有兩種處理方式，一種是使用類似顏色的漆料堆疊出鏽蝕感效果，屬於繪畫技法呈現，另一種則是用礦物質塗料搭配反應劑，以滾塗或抹鏝方式呈現較逼真質感。銅鐵鏽類藝術塗料如名稱所示是一種可以呈現出鏽蝕感的藝術塗料，成分含有樹脂與鐵粉，利用反應劑與鐵份進行氧化產生鐵鏽感，此種藝術塗料多半使用在工業風格，希望鏽蝕感比較強烈的商業空間居多，除牆面也可以施作在吧台、櫃體或門片上做局部點綴之用。銅鏽類藝術塗料原理相同，也是以反應劑與塗料中銅粉進行化學變化產生銅綠效果。

圖片提供＿瓦薩里藝術塗裝工程行

銅鐵鏽藝術塗料能產生特殊的紋理與效果。

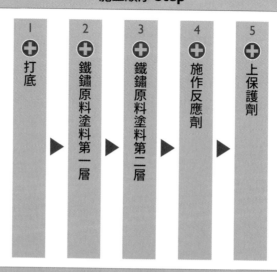

## 工法一
### 施工順序 Step

➕ 1 打底 ▶ ➕ 2 鐵鏽原料塗料第一層 ▶ ➕ 3 鐵鏽原料塗料第二層 ▶ ➕ 4 施作反應劑 ▶ ➕ 5 上保護劑

※ 實際施工請以現場情況爲主。

---

### ➕ 關鍵施工拆解 ➕

**Step 1**
**打底**

不管是夾板底、矽酸鈣板底或水泥板底，在塗裝工序時要將底做成平整面，把 AB 膠及板縫以批土方式批平後磨平，再上一層礦物質或灰泥質的底漆，讓鐵鏽類藝術塗料可以附著在底漆上。

**Step 2**
**鐵鏽原料塗料第一層**

把鐵鏽類礦物質塗料，以滾塗或抹鏝方式塗佈在施作範圍內，等待塗料完全乾透。

待完全乾透後進行第二次塗佈,其目的要讓塗層有一定厚度來跟反應劑作用。

圖片提供＿瓦薩里藝術塗裝工程行

圖片提供＿瓦薩里藝術塗裝工程行

使用反應劑目的是與塗料內的鐵粉進行氧化鏽蝕的化學變化,因此這類塗料所產生的畫面效果,完全由上反應劑的技法來決定。反應劑屬水狀,可使用刷子滾塗、噴槍噴塗或海綿沾點等方式進行,只要反應劑有接觸到的地方就會開始鏽化,作用時間會因天候濕度變化而有所不同,有時候可能需要等待兩天作用才會出現反應,若無效果則要繼續再上反應劑,直到預期效果出現。

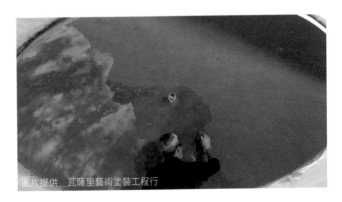

圖片提供＿瓦薩里藝術塗裝工程行

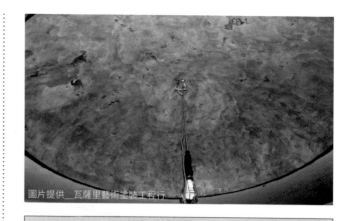

圖片提供＿瓦薩里藝術塗裝工程行

**施工要點**

1. 此類藝術塗料重點在使用反應劑的技法、沾取的劑量
多寡與垂流會影響整體畫面，概念如同作畫筆法，一
筆下去顏料的重跟淺會影響畫面，因此上反應劑前需
回推要使用何種方式塗佈才能呈現出想要的效果。

2. 若反應劑效果不如預期，可以再上一層鐵鏽原料覆蓋
反應劑後重新來過。

**Step 5
上保護劑**

觀察鐵鏽原料與反應劑作用，當達到所需要的效果狀態後，要
立刻封一層面漆讓氧化作用停止。

**監工要點**

1. 藝術塗料呈現的紋理屬於主觀的美感，施作前一定要
有樣板做為依據來確認效果，完成後也需與設計師確
認是否是設計師想要的顏色光澤度與紋理質感，是否
與打樣效果相同，不過仍存在著小圖面放大效果是否
跟想像有差距的狀況，建議如果是初次合作的廠商，
最好施工時設計師能在旁邊時時確認，以免驗收時對
效果的認定不一致。

2. 確認漆面紋理邊角是否有翹曲或剝落狀況，陰角處與
陽角處是否有毛邊，牆角與接縫處是否收邊收得乾淨
漂亮。注意塗刷範圍封邊膠帶撕除後，是否有因為底
板不平整造成的歪斜或凹凸。

# 珍珠感珠光類藝術塗料

## 30 秒認識工法

| 所需工具 | 抹鏝刀、滾刷、刷子、批刀 |
| 施作天數 | 依天候面積約 2 ～ 4 天 |
| 適用底材 | 矽酸鈣板 |

## 色彩與光影交織的美學

☐室內天花板 ■室內牆壁 ☐室外屋頂 ■室外牆壁
☐地坪 ■金屬 ■木材 其他：＿＿＿＿＿

### 施工準則
以塗佈層次堆疊出不同質感

珠光類藝術塗料材料內含的雲母粉成分，會隨著光線有不同折射感，其基底亦含有樹脂，完成後會呈現出閃亮珠光感或絲綢的絲光感，摸起來也較其他藝術塗料面細緻。此類塗料對底層平整度要求高，效果取決於施作層數，是以堆疊塗料的方式來製造出不同光澤效果，一般來說以施作 2 ～ 3 層居多。若想要雙色漸層效果，則是以兩種不同顏色塗料下去混合，利用技法去把效果呈現出來。珍珠感珠光類藝術塗料也能施作於外牆，與室內用的珍珠感珠光類藝術塗料差異在於是否含有抗 UV 成分，若要施作於戶外時需注意選用含有能耐紫外線與抗水性成分的塗料。

圖片提供＿凝思創意

珍珠感藝術塗料因內含雲母粉可隨光線不同產生不同光影作用。

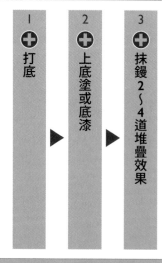

**工 法 一**
**施工順序 Step**

1 打底

2 上底塗或底漆

3 抹鏝2～4道堆疊效果

※ 實際施工請現場情況為主。

## ✚ 關鍵施工拆解 ✚

**Step 1**
**打底**

矽酸鈣板底在塗裝工程時要整作成平整面，把 AB 膠及板縫以批土方式批平後磨平，底部要盡量細緻平整。

**施工要點**

1. 此類型塗料的底層平整度會影響表面光澤度，平整度要求高，切記打底壁面一定要批平，或選用矽酸鈣板封底。
2. 珍珠感珠光類藝術塗料表面不能沾附粉塵與木屑，以免影響光澤效果，因藝術塗料屬於精裝修，最好在木工與泥作類工序完成後再進場。

**Step 2**
**上底塗或底漆**

把珍珠感珠光類塗料，以抹鏝方式塗佈，在施作範圍內進行打底動作，視效果不一定要完全乾透可再上第二層。也可以專用底漆或乳膠漆打底，不過珍珠感珠光類藝術塗料比較透薄，最好使用顏色相近的底漆，以免影響效果。

圖片 提供＿瓦薩里藝術塗裝工程行

**施工要點**

這類塗料屬於薄型塗料，抹刀走向盡量不積料，以免造成厚薄不均，影響效果。

**Step 3**
**抹鏝 2 ～ 4 道堆疊效果**

從第二層開始以專用抹刀用堆疊方式製造效果，施作技法一般來說會用抹刀以抹鏝、抹刀貼平轉動或刷子刷塗等不同方式來呈現不同效果，或以滾筒沾刷修補。若一層效果不明顯，則要施作第三層或第四層來加強效果。比較細部的地方，如邊線、邊角就用細補填縫的方式一一處理。

圖片提供＿瓦菈里藝術塗裝工程行

**驗收要點**

1. 大面積藝術塗料可檢查壁面有沒有奇怪壓痕如抹刀痕或滾筒與刷痕痕跡，可以從不同角度確認其光澤度是否平均，效果一定要能呈現出自然質感。
2. 確認漆面紋理邊角是否有翹曲或剝落狀況，陰角處與陽角處是否有毛邊，牆角與接縫處是否收邊收得乾淨漂亮。注意塗刷範圍封邊膠帶撕除後，是否有因為底板不平整造成的歪斜或凹凸。
3. 紋路是否顯得粗糙，或來回推抹塗料過乾有脫皮感。

# 礦物土質類藝術塗料

## 30 秒認識工法

| 所需工具 | 抹鏝刀、滾刷、批刀
| 施作天數 | 依天候面積約 5 ～ 7 天
| 適用底材 | 矽酸鈣板、水泥板、木夾板、水泥粉光等底材

## 空間裡的自然風土情懷

■室內天花板 ■室內牆壁 □室外屋頂 ■室外牆壁
■地坪 ■金屬 ■木材 ■其他：浴室乾區

**施工準則**
材料的乾縮比需掌握得當才不會容易產生裂痕

礦物土質類藝術塗料可以做成細緻或斑駁等不同效果壁面，也能呈現出清水模質感與木紋質感，對基底平整度要求較低，不需封板即可施作，室內外牆面與天花板皆可施作，其運用範圍與呈現效果非常廣泛，是最常被使用的藝術塗料。此類藝術塗料成分含有樹脂延展性較佳也較容易修補，搭配 2mm 粗顆粒、1mm 中顆粒與 0.2mm 細顆粒等不同粗細的石英砂來表現肌理與完成面細緻度，可呈現多層次的仿石材表現，顏色也有多於灰色以外其他變化，影響此類塗料效果的重要因素為材料配比。

圖片提供＿瓦薩里藝術塗裝工程行

礦物土質類藝術塗料可讓空間呈現自然風土氣息。

## 工 法 一
### 施工順序 Step

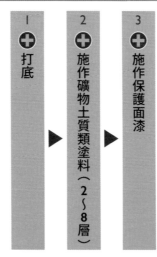

| 1 | 2 | 3 |
|---|---|---|
| ➕ 打底 | ➕ 施作礦物土質類塗料（2~8層） | ➕ 施作保護面漆 |

※ 實際施工請以現場情況為主。

### ➕ 關鍵施工拆解 ➕

**Step 1**
**打底**

不管是夾板底、矽酸鈣板底或水泥板底，在塗裝工程時要將底做成平整面，將礦物質或灰泥類底漆滾刷或抹鏝完成。

圖片提供＿瓦薩里藝術塗裝工程行

## Step 2
### 施作礦物土質類塗料
### （2～8 層）

底漆滾刷完成後，先進行 2～3 道的塗佈做為塗料底層，接著視效果上保護劑讓牆面呈現自然層次感，或進行洗色程序來凸顯孔洞顏色深度。每一層施作都需等塗料乾了之後再上下一層，乾燥時間視天候而定。

圖片提供＿瓦薩里藝術塗裝工程行

圖片提供＿瓦薩里藝術塗裝工程行

**施工要點**

1. 施作過程的批法、力道與塗佈方向是決定效果的重要關鍵。
2. 施作前要先想好整體佈局再開始進行，以免中途更改會讓應有的自然感變得人工匠氣。
3. 此類藝術塗料施工屬於精裝修，多半放在施工後期施作，有時候會因為前面工期延宕而壓縮藝術塗料施作時間，切記不能因此妥協，以免後續完工效果不佳。

**Step 3**
**上面漆保護**

達到欲完成效果後，視效果或是浴室及戶外場所，需再上一層面漆保護。

圖片提供＿瓦薩里藝術塗裝工程行

**驗收要點**

1. 大面積藝術塗料可檢查壁面有沒有奇怪壓痕如抹刀痕或滾筒痕跡，可以從不同角度確認其光澤度是否平均。
2. 確認漆面紋理邊角是否有翹曲或剝落狀況，陰角處與陽角處是否有毛邊，牆角與接縫處是否收邊收得乾淨漂亮。

# 石灰灰泥類藝術塗料

## 美觀環保兼具的素雅石材風

■室內天花板 ■室內牆壁 □室外屋頂 ■室外牆壁

□地坪 □金屬 ■木材 ■其他：浴室乾區

### 30 秒認識工法

| 所需工具 | 抹鏝刀、滾刷、批刀、小型攪拌機（若所需量不同，以手棍棒攪拌亦可） |
| 施作天數 | 依天候面積約 7 ～ 10 天 |
| 適用底材 | 矽酸鈣板、水泥板、木夾板、水泥粉光、磁磚等底材 |

### 施工準則

披覆過程、堆疊手法與抹刀走向，會影響之後呈現出來的畫面

石灰灰泥類藝術塗料是以基底的熟石灰混合骨粒所調配出來，骨粒粗細會影響不同質地呈現或紋路深淺，特性與水泥有點類似屬剛性材料，是所有藝術塗料當中比較容易操作的種類，能呈現出素雅或日式侘寂風效果，也能呈現無縫大理石的石材感。其表面光滑細致，不易起灰，也不若水泥粉光較易掉砂，特性為透氣性好，可有效防止牆體表面結露反潮，抑制細菌生長，具有良好遮蓋力、耐擦洗、抗污性強與環保等優點，但要注意此類塗料與硅藻土不是同一種塗料，硅藻有吸水性能調節空氣濕度，硬度低不能擦洗、施工時不能擠壓以免破壞氣孔成形。

圖片提供＿瓦薩里藝術塗裝工程行

灰泥類藝術塗料可以施作在壁面或櫃體上形塑空間氛圍。

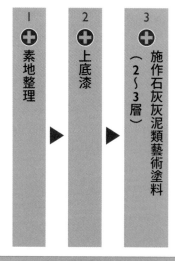

**工 法 一**
**施工順序 Step**

1 ➕ 素地整理 ▶ 2 ➕ 上底漆 ▶ 3 ➕ 施作石灰灰泥類藝術塗料（2～3層）

※ 實際施工請以現場情況爲主。

➕ **關鍵施工拆解** ➕

**Step 1**
**打底**

不管是夾板底、矽酸鈣板底或水泥板底，在塗裝工程時要將底做成平整面，把 AB 膠及板縫以批土方式批平。

**施工要點**

灰泥屬剛性材料，若直接施作在水泥粉光面上，需注意當水泥龜裂時也會讓灰泥層出現裂痕，修補則會出現明顯色差。另外若水泥底沒有整平，也會耗費較多灰泥類藝術塗料增加支出。

**Step 2**
**上底漆**

先進行底漆塗佈，石灰若乾燥不均勻會呈現深淺不一的顏色，因此底漆要完全遮蓋住 AB 膠與水泥底、矽酸鈣板等不同乾燥速率的底材面，可使用防水漆類當作底漆。

圖片提供＿瓦薩里藝術塗裝工程行

**Step 3**
**施作石灰灰泥類藝術**
**塗料（2～3層）**

底漆完成後以抹刀披覆，不同抹法會影響效果呈現，且每一道都要乾燥後再上第二道塗料，乾燥視天候約需 2～3 天，冬天小面積可使用吹風機或以大型電暖爐增加室內乾燥度。

圖片提供＿瓦薩里藝術塗裝工程行

圖片提供＿瓦薩里藝術塗裝工程行

**施工要點**

1. 同一面牆要一起完工，以免乾燥時間不一致會出現交接痕。
2. 抹刀走向會影響效果呈現，注意灰泥類藝術塗料施作時如果像批水泥般進行橫向批覆，這樣的抹鏝方式會讓紋路失去自然感。

**驗收要點**

1. 灰泥類藝術塗料的邊角容易不平整，因為此類塗料有厚度，在撕封邊膠帶時容易撕得不平整，要撕除前先用刀子割開，避免因直接撕扯膠帶造成邊角破損。
2. 確認漆面紋理邊角是否有翹曲或剝落狀況，陰角處與陽角處是否有毛邊，牆角與接縫處是否收邊收得乾淨漂亮。

# 馬來漆藝術塗料

光滑紋理效果豐富百變樣貌

☐室內天花板 ■室內牆壁 ☐室外屋頂 ☐室外牆壁
☐地坪 ☐金屬 ☐木材 ☐其他：_____

**30 秒認識工法**

| 所需工具 | 抹鏝刀、打蠟用海綿（或抹刀） |
| 施作天數 | 依天候面積約 5～7 天 |
| 適用底材 | 矽酸鈣板、水泥板、木夾板、水泥粉光、磁磚、石膏板、烤漆板等底材 |

**施工準則**
每道漆面都要確實進行打磨工序

馬來漆國外又名威尼斯灰泥，是由丙稀酸乳液混合的漿狀塗料，利用不同工具進行批刮的造型施作，最後再塗上保護漆蠟便完成。目前威尼斯灰泥（馬來漆）發展出許多不同質感，有的在材料裡加入雲母粉，有的則是最後罩面加上金，銀或不同顏色的面漆與蠟，讓成型效果更豐富，成形後漆面光滑，有天然石材與瓷器等紋路效果，具有表面可擦拭且外觀不易褪色之優點。需注意日後若漆面破損，小面積修補可能無法對到原始紋理，如果在意便需要大面積重做。

攝影＿＿Evan

馬來漆（威尼斯灰泥）擺脫早期亮面的廉價質感，近年以低調霧面的表現手法可運用在牆面或櫃體上。

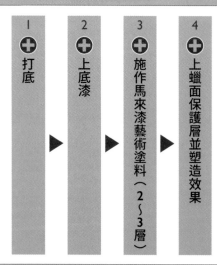

**工 法 一**

**施工順序 Step**

| 1 打底 | 2 上底漆 | 3 施作馬來漆藝術塗料（2～3層） | 4 上蠟面保護層並塑造效果 |

※ 實際施工請以現場情況為主。

---

✚ **關鍵施工拆解** ✚

**Step 1**
**打底**

不管是夾板底、矽酸鈣板底或水泥板底，都要將底做成平整面，把 AB 膠及板縫以批土方式批平。

**施工要點**

1. 確認施工範圍的底材是否穩固、乾燥、平整、無裂開、無剝落、不吐黃、無油污、無灰塵、無掉粉、無起砂，若不符合會造成馬來漆產生裂縫、變色與變質。
2. 施工環境需乾淨整潔、無灰塵、無油污，才能確保施工材料黏著性。

**Step 2**
**底漆**

先進行底漆塗佈，因馬來漆要求較細緻的施工面，如果底漆上完就開始打磨，可以確保後續施工比較不會產生問題。

**Step 3**
**施作馬來漆藝術塗料**
**（2～3 層）**

底漆乾燥打磨後，以鏝刀將馬來漆鏝抹上牆，待乾燥後進行打磨，同樣工序再進行 1～2 道，最多不超過三道。

**施工要點**

1. 馬來漆、底漆與批土都要乾燥後才能進行下一道工序，未乾燥就繼續上漆或研磨，會導致漆面與批土剝落。
2. 確保工具乾淨，若抹刀積料嚴重會有抹刀痕跡。

## Step 4
## 上蠟面保護層並塑造
## 效果

馬來漆乾燥後再進行上蠟工序，上蠟一方面可形成保護層，也能藉染色蠟與馬來漆交疊形成如石材般的質感效果。上蠟可以使用抹刀也可以用打蠟海綿，差別是抹刀上蠟會讓牆面比較亮感，打蠟海綿則較為霧面感。需注意蠟的乾燥時間盡量拉長，因為蠟的特性會表面乾燥但裡層仍帶水氣，最好放置過夜拉長時間靜待完全乾燥。

圖片提供＿瓦薩里藝術塗裝工程行

**驗收要點**

1. 確認漆面紋理邊角是否有翹曲或剝落狀況，陰角處與陽角處是否有毛邊，牆角與接縫處是否收邊收得乾淨漂亮。
2. 馬來漆完成後無法修改，建議施作前先打樣版進行確認，並依設計施工。

# 紋理藝術塗料

**30 秒認識工法**

| 所需工具 | 抹鏝刀、滾刷、批刀 |
| 施作天數 | 依天候面積約 2 ～ 4 天 |
| 適用底材 | 矽酸鈣板、水泥板、木夾板、水泥粉光等底材 |

## 多種色系與自然質感呈現

■室內天花板 ■室內牆壁 □室外屋頂 □室外牆壁
□地坪 ■金屬 ■木材 □其他：_____

### 施工準則
施作兩道即可，避免塗抹次數過多造成紋理過於花俏

紋理藝術塗料完成後會有顏色深淺不一的多層次紋路效果，有人誤以為是以不同顏色的塗料上色，實則是單一塗料所呈現出來的效果。此類塗料表面較為粗糙、塗層較厚，呈現出來的效果接近灰泥類藝術塗料，但因其內含樹脂成分延展性較佳，日後修補亦較為容易。其效果可以有仿石材表現、或多種色彩表現如大地色系帶有自然空間氛圍，抑或添加金銀粉後也能呈現類金屬質感，也能施作在大門或需要仿鏽感的櫃體與門片。

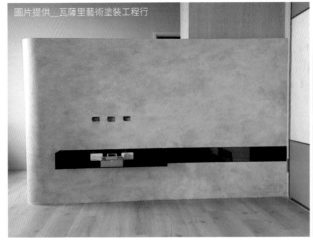

圖片提供＿瓦薩里藝術塗裝工程行

圖片提供＿瓦薩里藝術塗裝工程行

紋理藝術塗料施作於牆面或門片上，因其紋理質感可增加豐富的空間視覺效果。

## 工法一
### 施工順序 Step

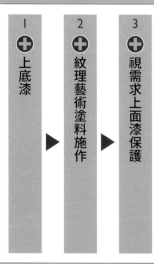

| 1 ➕ 上底漆 | ▶ | 2 ➕ 紋理藝術塗料施作 | ▶ | 3 ➕ 視需求上面漆保護 |

※ 實際施工請以現場情況為主。

---

### ➕ 關鍵施工拆解 ➕

**Step 1**
**上底漆**

施作帶沙底漆以形成粗糙面，利於之後的紋理藝術塗料附著。

**Step 2**
**紋理藝術塗料施作**

底漆滾刷完成後，以抹刀或滾刷施作紋理塗料待乾燥後再進行一次，乾燥時間需視天候而定，約莫 1 ～ 2 天。

圖片提供＿＿瓦薩里藝術塗裝工程行

219

**Step 3**
**視需求上面漆保護**

若施作於浴室或戶外場所，需再上一層面漆保護。

圖片提供　瓦薩里藝術塗裝工程行

# 液態金屬類藝術塗料

## 創造金屬與鍍鈦質感的裝飾藝術

☐室內天花板 ■室內牆壁 ☐室外屋頂 ☐室外牆壁
☐地坪 ■金屬 ■木材 其他：_____

### 30 秒認識工法

| | |
|---|---|
| 所需工具 | 小型攪拌機（若所需量不同，以手棍棒攪拌亦可）、抹鏝刀、滾刷、刷子、牆面研磨機、批刀 |
| 施作天數 | 依天候面積約 2 ～ 4 天 |
| 適用底材 | 矽酸鈣板、水泥板、木夾板、水泥粉光等底材 |

### 施工準則

進行抹鏝前底漆一定要完全乾燥，才能再進行披覆塗料的工序

液態金屬類的藝術塗料可以做出表面有金屬光澤或是有仿鍍鈦板等效果，是以不同顏色的金屬粉末與 Epoxy（環氧樹脂）類的液態材料混合，以抹鏝或滾刷的方式配合研磨，做出各種不同顏色與效果。液態金屬類藝術塗料相較其他種類藝術塗料價格較高、修補也較為困難，多做為牆面部分裝飾而非整面牆使用，其中以仿鍍鈦藝術塗料單價最高，其效果雖不如鍍鈦板平整，卻也能呈現出髮絲紋且有手刷紋理感，日後修補價格也比鍍鈦板便宜。另外依照金屬粉末配比不同，可以呈現出雙層金屬、漸層金屬、金屬藍色或金屬黑色等不同顏色的金屬質感，可施作在櫃體或門片上來塑造不同風格。

液態金屬類的藝術塗料會帶有金屬亮面質感。

圖片提供＿秝禾鑫塗裝藝術工房

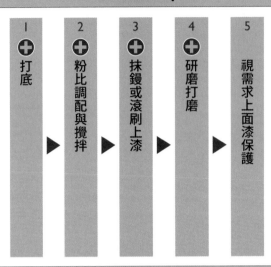

**工 法 一**
**施工順序 Step**

| | | | | |
|---|---|---|---|---|
| 1 | 2 | 3 | 4 | 5 |
| 打底 | 粉比調配與攪拌 | 抹鏝或滾刷上漆 | 研磨打磨 | 視需求上面漆保護 |

※ 實際施工請以現場情況為主。

## ✚ 關鍵施工拆解 ✚

**Step 1**
**打底**

不管是夾板底、矽酸鈣板底或水泥板底,在塗裝工序時要先將底整成平整面,把 AB 膠及板縫處以批土方式批平後磨平,再上一層礦物質或灰泥質底漆,讓液態金屬類藝術塗料可以附著在底漆上。

**施工要點**

1. 所有藝術塗料在批覆前都需確認底漆完整性,底漆作用在於讓夾板不曝油,或是讓矽酸鈣板吸水率跟封縫的 AB 膠吸水率達到一致,才不會影響上層藝術塗料的表現。
2. 在油漆工序完成平整面後,上液態金屬藝術塗料前一定需要再進行一次底漆塗佈,因為液態金屬藝術塗料其質地為樹脂類,本身接著力不強,需要一個介質為土泥類的底漆,才能讓藝術塗料抓附其上。
3. 單價高的液態金屬類藝術塗料,底板使用矽酸鈣板較能減少邊角破損,增加成功機率。

**Step 2**
**粉比調配與攪拌**

將金屬粉末與液體狀的 Epoxy 依照所需比例調配，各品牌藝術塗料有各自不同的比例配方而有不同或相似的質感效果，也有的品牌是直接以調配好的比例整桶出售。若是需依照原廠配方現場調製的藝術塗料，塗佈前則需攪拌均勻再開始施工。

**Step 3**
**抹鏝或滾刷上漆**

依照所需效果，使用藝術塗料專用抹刀進行抹鏝動作，或以滾刷批覆。

**Step 4**
**研磨打磨**

等塗料整體乾燥後進行打磨，此類藝術塗料是靠反覆批覆與研磨拋光來形塑出效果，確認完成後若有需要再上一層面漆保護。

---

**施工要點**

1. 藝術塗料呈現的紋理屬於主觀美感，施作前一定要有打樣板做為依據來溝通確認效果，完成後也需與設計師確認是否是設計師想要的顏色、光澤度與紋理質感。不過仍存在著小圖面放大效果是否跟想像有差距的情況，因此單價高的藝術塗料，建議如果初次合作，最好施工時設計師能在旁確認，以免驗收時對效果認定不一致。

2. 確認漆面紋理邊角是否有翹曲或剝落狀況，陰角處與陽角處是否有毛邊，牆角與接縫處收邊是否乾淨漂亮。注意塗刷範圍封邊膠帶撕除後，是否有因為底板不平整造成的歪斜或凹凸。

# 珪藻土塗料

天然質地創造百變紋理，
來自經驗的美感與功夫

□室內天花板 ■室內牆壁 □室外屋頂 □室外牆壁
■地坪 □金屬 □木材 其他：

**30 秒認識工法**

| 所需工具 | 水泥攪拌機、白鐵鏝刀、六吋短毛滾輪、石頭漆噴槍、養生膠帶、低黏度紙膠帶（漆面使用）、高黏度紙膠帶（非漆面使用）、空壓機 |
| 施作天數 | 2 ～ 3 天 |
| 適用底材 | 矽酸鈣板、木板、水泥粉光 |

**施工準則**
觀察天候、氣溫與底材特性，掌握珪藻土塗料乾燥速度

珪藻土塗料具有溶於水的特性，在與水攪拌時需約 15 ～ 20 分鐘的靜置時間，讓塗料與水充分混合。在施作過程要注意乾燥速度，尤其乾燥速度過快會造成龜裂，必須觀察現場環境是否有風，可在施工過程中，關閉門窗，冷氣及風扇，減少珪藻土塗料速乾的情況。磁磚、金屬、玻璃這類材質較光滑，毛細孔較小，不易附著，因此不適合施作珪藻土塗料。而矽酸鈣板、木夾板、水泥粉光是常常施作的底材，有時也會在同一面牆上遇到水泥與木板、水泥與矽酸鈣板等異材質銜接，此時，接縫處 AB 膠的處理尤為重要，需確實做好。珪藻土塗料可能因為底材不同，造成乾燥速率不同而產生色差，因此塗佈底漆很重要，需塗佈均勻且確實，讓珪藻土塗料能在同一介質上乾燥。另外，木板上要使用油性底漆，封住木頭的天然油脂，避免吐黃。珪藻土塗料因為可塑性較好，噴塗、鏝抹都可以，也有兩種工法同時運用，即是本篇的工序步驟，先噴塗後再鏝抹紋路。

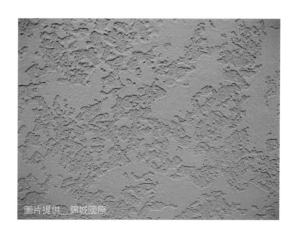

圖片提供＿錦城國際

客製化的紋路需先打樣讓業主確認樣板後，才開始施作。

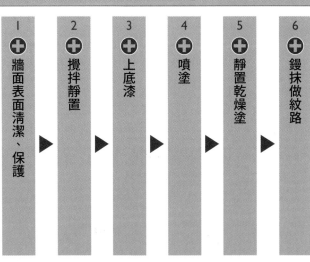

工法一
施工順序 Step

| 1 牆面表面清潔、保護 | 2 攪拌靜置 | 3 上底漆 | 4 噴塗 | 5 靜置乾燥塗 | 6 鏝抹做紋路 |

➕ 關鍵施工拆解 ➕

**Step 1**
**牆面表面清潔、保護**

用抹布擦拭施作牆面的粉塵。通常珪藻土塗料的工種施工順序會是在空間裝修的最後一個工班，在清潔之前最後一個進場。以免現場過多粉塵及影響後續牆面維護。使用低黏度紙膠帶（漆面使用）或高黏度身膠帶（非漆面使用），先沿著施作牆面的邊緣黏貼，再黏貼養生膠帶，並且使用高黏度紙膠帶固定養生膠帶，使其在施工過程中不易脫落。養生膠帶有不同的尺寸，必須衡量噴槍與牆面距離，選擇適當寬度，避免污染四周。

**Step 2**
**攪拌靜置**

準備兩個水桶，一個裝清水，另一個拿來攪拌珪藻土塗料，分批次加入水攪拌，基礎比例為 5 公斤的珪藻土塗料加入 4000 c.c 的水，水量可視現場環境調整，因現場氣溫及天候狀況適當調整水量。此過程需使用電動水泥攪拌器才能拌勻，直到表面光滑無顆粒後靜置，等待水與珪藻土塗料充分融合均勻。靜置後 15~20 分鐘後，上牆前可加入少許水（50c.c 以內），再攪拌一次後再上牆。

圖片提供__ TZU

圖片提供__ TZU

**Step 3**
**上底漆**

靜置珪藻土塗料時可以先上底漆，以滾輪塗佈，尤其木板的位置，木板需綁油性底漆，避免木板吐黃。不同底材的銜接也要特別注意，透過底漆的塗佈均勻，能避免因珪藻土乾燥的速率不同而造成色差。

圖片提供__ TZU

**Step 4**
**噴塗**

待底漆乾燥後，準備空壓機及石頭漆噴槍，以與牆面等距（30～50 公分）畫圈噴塗方式將珪藻土均勻噴塗於牆面，可噴塗 2～3 道，直至珪藻土塗料均勻且完全覆蓋牆面。第一道需完全乾燥，方可噴塗第二道，以此類推。噴塗以每一道皆爲均勻且完全覆蓋的方式進行，請勿局部噴塗，避免因塗佈厚度不同，在側光下產生高低差的側影情況。

圖片提供＿TZU

**Step 5**
**靜置乾燥**

每一道的噴塗需要等待 3～4 小時風乾，未完全乾燥前避免以手觸摸或碰撞，第一天的工序也在此結束。

噴塗乾燥後便可以開始做紋路，建議使用較輕的鏝刀工具施作。鏝刀取珪藻土塗料，先以兩隻鏝刀輕拍拉毛，再以鏝刀輕拍牆面拉毛，每次的範圍不宜過大，以免造成底層珪藻土吸水速度太快，不利於收尾。接著憑經驗與美感拉毛，需要在面層珪藻土塗料乾燥之前盡快收尾，注意紋路是否均勻，不同區塊不可差異太大。珪藻土塗料施工完成後需靜置 2 ～ 3 天，期間請勿開窗，勿開冷氣及風扇，讓其自然蔭乾，避免珪藻土因速乾造成龜裂，也請勿觸摸與碰撞以免受損。

圖片提供＿ TZU　圖片提供＿ TZU

**施工要點**

1. 不要貪快偷步驟，前面的底漆要做確實，否則施工過程中可能就會出現色差的狀況。
2. 珪藻土施作後禁止觸摸，避免風吹，需等待兩天自然蔭乾，以免發生龜裂。
3. 需由業主或設計師在場驗收，避免後續責任歸屬問題。

**驗收要點**

1. 珪藻土塗料需塗佈均勻，不可見底。紋路需清晰立體。
2. 需注意紋路整齊一致，尤其遇到陰角與陽角及牆面障礙物，如層板、電盒蓋及插座，紋路對接需自然。

# 後製清水模

質樸耐候清水模依靈感揮灑呈現

■室內天花板 ■室內牆壁 □室外屋頂 ■室外牆壁
□地坪 □金屬 □木材 其他：_____

## 30 秒認識工法

| | |
|---|---|
| 所需工具 | 噴槍、滾輪、鏝刀、批刀、#400 砂紙、#600 砂紙、短毛滾筒、面漆噴槍、天然海棉、清水模著色專用滾筒 |
| 施作天數 | 7 ～ 12 天 |
| 適用底材 | 建築粗胚面、普通澆灌混凝土面、抹灰砂漿面、GRC 件堅固面、低伸縮膨脹的水泥板、矽酸鈣板等堅固板材 |

**施工準則**
設計打樣清楚溝通，著重修飾和細節

後製清水模施工務求良好設計為基礎。施工前置作業除了確保基面含水量（10%以下）、酸鹼值達標準（PH 值 10 以下），且必須將風化物、粉化物、脫著劑等附著物完全清除。運用基材骨材完成找平工序後再依設計者意圖調整出清水模的樣式及高低差。此系統「抹灰＋著色」的工法可以快速調整出想要的成色，不僅能應用在磚造及水泥表面，配合對應的底漆，幾乎沒有底材限制，可靈活施作於室內 RC 及矽酸鈣板輕隔間材質。除還原一般常見的栓孔樣式，還可混和搭配施工技法調整出棋盤式高低差、液漿／內凹分割、錯位木紋等樣式，重現優良清水模質樸素雅的侘寂美感同時，氟素單體配方的耐候性及撥水性可在各氣候環境下保護混凝土結構本體不畏環境摧枯拉朽。

圖片提供＿鈴鹿塗料

透過後製清水膜工法，呈現清水混凝土建築簡樸無華的建築精神。

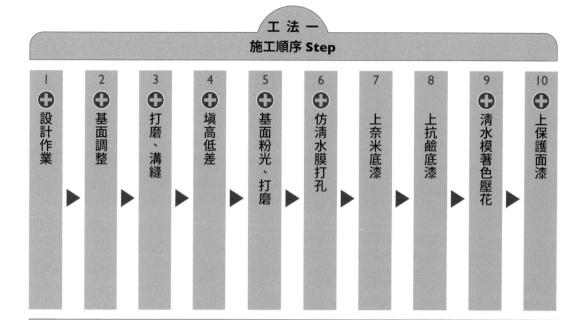

**工 法 一**
**施工順序 Step**

| 1 設計作業 | ▶ | 2 基面調整 | ▶ | 3 打磨、溝縫 | ▶ | 4 填高低差 | ▶ | 5 基面粉光、打磨 | ▶ | 6 仿清水膜打孔 | ▶ | 7 上奈米底漆 | ▶ | 8 上抗鹼底漆 | ▶ | 9 清水模著色壓花 | ▶ | 10 上保護面漆 |

※ 施工工法依個別廠商有所不同。

---

**➕ 關鍵施工拆解 ➕**

**Step 1
設計作業**

工程之前,廠商須先清楚說明後製清水模之施工限制,並與業主或設計師完成所有設計溝通和打樣,才能進行後續階段。首先要選喜愛風格和紋理,再來依照設計圖與施作廠商商定孔洞與格線編排位置、形式、深淺等。一般清水模常見尺寸為單塊 90×180cm,若是木紋模則以高度 10cm、長度 50～60cm 最佳(最長可達約 1 米)。

**監工要點**

確認設計樣式後,建議先依照設計需求打一塊小樣,待設計師與業主確認無誤再執行,以確保完成面不會和原先構想差異過大。

**Step 2**
**基面調整**

以水泥砂漿抹平基面,並做好防水漆塗佈以及整平作業。不同廠商的處理工法不同。

> **施工要點**
>
> 後製清水模應用在水泥板、矽酸鈣板等板材及室內施作工法並無差異,但需注意不同基面得採用對應的底漆。

**Step 3**
**打磨、溝縫**

以 #400 砂紙打磨突起處,以求光滑平整施工面。接著依照設計圖面運用墨線標定施工Ａ／Ｂ區域,以雙層泡棉膠帶分隔區域。

**Step 4**
**填高低差**

以雙組份基材骨材批塗,創造清水板模自然高低差。

**Step 5**
**基面粉光、打磨**

將清水模細骨材、細骨材調和液調合後進行基面粉光,待表面完全乾燥後,再使用 #600 砂紙輕力打磨,以求基面光滑平整。

**Step 6**
**仿清水膜打孔**

依設計圖樣需求,使用專用打孔機打孔,一般為每平方公尺4孔。如鑽孔過程遭遇圓孔邊緣缺陷,需以細骨材修補並打磨至光滑平整。如果有金屬、木紋、紙模等需求,也是在這個階段做出面的立體質感,例如木紋模即由師傅以特殊工具,手工拉出一道道紋路。

**Step 9**
**清水模著色壓花**

依需求調配面塗色彩，各家配方和基料或有不同，多為水泥色砂或水泥色漿類之材質，相較一般塗料更趨近水泥真實質感。再利用清水模著色專用滾筒及天然海棉施工，塗裝 2 道。

**監工要點**

設計階段雖已有打樣，正式施工前，建議仍要請師傅先做一小面牆搭配整體空間進行二次確認，覺得合適再繼續後續著色工程，或是於此階段進行調整。

**施工要點**

真正的清水模中，因施工而產生的孔洞和夾板線縫，是它的重要特色之一，建議於著色時，可將這兩處的色彩略微加深，不僅能更接近清水模真實模樣，也能有效提升畫面的立體感。

**Step 10
上保護面漆**

於後製清水模表面施以透明保護漆。若欲施作在室外，保護漆須思考其耐候性和抗 UV 的能力，每家廠商配方各異，耐候性和保固年限亦有差別，像是鈴鹿塗料的保護面漆為氟素透明面漆。

**驗收要點**

1. 後製清水模因成品厚度薄，如基面找平不確實，最終效果將不盡理想，故前置作業極為重要，且較不耐衝擊之故，若施工現場與其他工種搭配需規劃好進場施作期間並注意是否發生預期外的龜裂狀況。
2. 後期階段的著色需注意與圖紙及設計者意圖相符。

# 塗料適用
# 工法索引

| 適用範圍 | 塗料 | 刷塗 | 滾塗 | 噴漆 | 烤漆 | 特殊工法 |
|---|---|---|---|---|---|---|
| 室內 | 乳膠漆 | P.048 | P.082 | P.120 | - | - |
| | 水泥漆 | P.048 | P.082 | P.120 | - | - |
| | 黑板漆 | - | - | P.122 | - | - |
| | 白板漆 | - | - | P.125 | - | - |
| | 磁性漆 | P.052 | P.088 | P.128 | - | - |
| | 礦物塗料 | - | P.084 | - | - | - |
| | 植物漆 | P.054 | P.090 | P.130 | - | - |
| | 天然牆面植物蠟 | P.057 | P.092 | - | - | - |
| | 光觸媒漆 | P.060 | P.094 | P.132 | - | - |
| | 石灰漆 | P.062 | P.096 | P.134 | - | - |
| | 室內防水漆 | - | P.108 | - | - | - |
| | 珪藻土塗料 | - | - | - | - | P.224 |
| 外牆 | 外牆漆 | P.064 | P.098 | P.136 | - | - |
| | 石灰漆 | P.062 | P.096 | P.134 | - | - |
| | 石材金油 | P.068 | P.100 | P.138 | - | - |
| | 眞石漆 | - | - | P.140 | - | - |
| | 仿石漆 | - | - | P.144 | - | - |
| 屋頂 | 屋頂防水漆 | - | P.102 | - | - | - |
| 金屬木材 | 調合漆 | P.071 | P.112 | P.148 | - | - |
| | 聚氨酯漆 | - | - | P.150 | - | - |

| 適用範圍 | 塗料 | 刷塗 | 滾塗 | 噴漆 | 烤漆 | 特殊工法 |
|---|---|---|---|---|---|---|
| 金屬 | 環氧樹脂金屬用 | - | - | P.154 | - | - |
| | 防鏽漆 | - | - | P.157 | - | - |
| 木材 | 木器自然塗裝 | P.076 | - | - | - | - |
| | 戶外護木漆 | P.079 | P.116 | P.168 | - | - |
| | 木器噴漆 | - | - | P.162 | - | - |
| | 木器烤漆 | - | - | - | P.170 | - |
| 鐵皮浪板 | 浪板漆 | P.074 | P.114 | P.160 | | |
| 地坪 | 環氧樹脂地坪 | - | - | - | - | P.176 |
| | 優的鋼石 | - | - | - | - | P.182 |
| | 磐多魔 | - | - | - | - | P.190 |
| | 藝術漆無縫地坪 | - | - | - | - | P.194 |
| 藝術塗料 | 銅鐵鏽類藝術塗料 | - | - | - | - | P.198 |
| | 珍珠感珠光類藝術塗料 | - | - | - | - | P.202 |
| | 礦物土質類藝術塗料 | - | - | - | - | P.206 |
| | 石灰灰泥類藝術塗料 | - | - | - | - | P.210 |
| | 馬來漆藝術塗料 | - | - | - | - | P.214 |
| | 紋理藝術塗料 | - | - | - | - | P.218 |
| | 液態金屬類藝術塗料 | - | - | - | - | P.221 |
| | 後製清水模 | - | - | - | - | P.229 |

# 設計師 ·
# 廠商一覽

**廠商**

### 油漆小哥
YouTube 頻道：Painter 油漆小哥

paintervideo.yt@gmail.com

### Dulux 得利塗料
0800-321-131

### 虹牌油漆
07-871-3181

### 鎌達實業
02-2681-0189

### 瓦薩里藝術塗裝工程行
0937-152-191

### 秝禾鑫塗裝藝術工作坊
02-29552885

### KEIM 德國凱恩礦物塗料
02-2394-6060

### 錦城國際
04-2201-0100

### 喬和工程
02-2255-3386

### 鈴鹿塗料
049-2251920

### 德寶塗料
04-2515-6080#217

### 魯班天然木蠟油
04-2515-6080#218

### 鯤承油漆工程
0921-278-689

### 永淂塗裝工程行
0928-955-948

**設計師**

## 鉅程設計
02-2886-7068

## 橙白室內裝修設計工程有限公司
02-2871-6019

## 本晴設計
mina601@gmail.com

## 演拓空間室內設計
02-2766-2589

## 陳尙鋒建築師事務所
03-955-0830

## 凝思創意
04-2320-4810

Solution Book 150

# 塗裝工法百科

表面材質處理 ╳ 刷、滾、噴、鏝、
特殊工法全覽 ╳ 施作程序與監工關鍵

| | | | |
|---|---|---|---|
| 作者 | i 室設圈｜漂亮家居編輯部 | 發行人 | 何飛鵬 |
| 責任編輯 | 黃敬翔 | 總經理 | 李淑霞 |
| 文字編輯 | Evan、田瑜萍、李與真、紀廷儒、 | 社長 | 林孟葦 |
| | 賴姿穎、Aria、April | 總編輯 | 張麗寶 |
| 封面、版型設計 | 莊佳芳 | 內容總監 | 楊宜倩 |
| 美術設計 | Pearl、Sophia | 叢書主編 | 許嘉芬 |
| 編輯助理 | 劉婕柔 | | |
| 活動企劃 | 洪擘 | | |

| | |
|---|---|
| 出版 | 城邦文化事業股份有限公司麥浩斯出版 |
| 地址 | 104台北市中山區民生東路二段141號8樓 |
| 電話 | 02-2500-7578 |
| 傳真 | 02-2500-1916 |
| E-mail | cs@myhomelife.com.tw |

| | |
|---|---|
| 發行 | 英屬蓋曼群島商家庭傳媒股份有限公司城邦分公司 |
| 地址 | 104台北市民生東路二段141號2樓 |
| 讀者服務電話 | 02-2500-7397；0800-033-866 |
| 讀者服務傳真 | 02-2578-9337 |
| 訂購專線 | 0800-020-299（週一至週五 上午09:30-12:00；下午13:30-17:00） |
| 劃撥帳號 | 1983-3516 |
| 劃撥戶名 | 英屬蓋曼群島商家庭傳媒股份有限公司城邦分公司 |

| | |
|---|---|
| 香港發行 | 城邦（香港）出版集團有限公司 |
| 地址 | 香港灣仔駱克道193號東超商業中心1樓 |
| 電話 | 852-2508-6231 |
| 傳真 | 852-2578-9337 |
| 電子信箱 | hkcite@biznetvigator.com |

| | |
|---|---|
| 馬新發行 | 城邦（馬新）出版集團Cite（M）Sdn.Bhd.（458372U） |
| 地址 | 41, Jalan Radin Anum, Bandar Baru Sri Petaling, |
| | 57000 Kuala Lumpur, Malaysia |
| 電話 | 603-9056-3833 |
| 傳真 | 603-9057-6622 |
| E-mai | services@cite.my |

| | |
|---|---|
| 總經銷 | 聯合發行股份有限公司 |
| 電話 | 02-2917-8022 |
| 傳真 | 02-2915-6275 |

| | |
|---|---|
| 製版印刷 | 凱林彩印股份有限公司 |
| 版次 | 2023 年6月初版一刷 |
| 定價 | 新台幣650元 |

Printed in Taiwan 著作權所有‧翻印必究
（缺頁或破損請寄回更換）

國家圖書館出版品預行編目(CIP)資料

塗裝工法百科：表面材質處理X刷、滾、噴、鏝、特
殊工法全覽X施作程序與監工關鍵 / i室設圈｜漂亮家
居編輯部作. -- 初版. -- 臺北市：城邦文化事業股份有限
公司麥浩斯出版：英屬蓋曼群島商家庭傳媒股份有限公
司城邦分公司發行, 2023.06
　面；　公分. --（Solution；150）
ISBN 978-986-408-931-4（平裝）

1.CST: 表面處理　2.CST: 塗料

472.161　　　　　　　　　　　　　　112005258